ELEMENS
DE
CHYMIE.

ELEMENS
DE
CHYMIE
THEORIQUE.

Par M. MACQUER, Docteur-Régent de la Faculté de Médecine de Paris, & de l'Académie Royale des Sciences.

A PARIS,

Chés JEAN-THOMAS HERISSANT, rue Saint Jacques, à Saint Paul & à Saint Hilaire.

M. DCC. XLIX.

Avec Approbation & Privilége du Roi.

A

MONSEIGNEUR

DE MACHAUT,

COMMANDEUR

DES ORDRES DU ROI,

CONTROLEUR-GENERAL

DES FINANCES.

*M*ONSEIGNEUR,

L'ETAT floriſſant où ſont aujour-
d'hui tous les Arts, fait applaudir au
choix du Monarque éclairé qui les a
confiés à vos ſoins, & prouve combien
il leur eſt avantageux d'être l'objet de

iij

l'attention d'un Ministre qui n'a rien de plus à cœur que leur avancement. La plupart de ces Arts doivent aux Sçiences leur origine & leurs progrès ; la Chymie en particulier a droit de réclamer tous ceux qui ne dépendent point des Mathématiques. C'est ce qui m'engage à vous offrir, & me donne lieu d'espérer, MONSEIGNEUR, que vous voudrez bien recevoir avec bonté un Livre qui contient les principes fondamentaux de cette Sçience. Heureux d'avoir cette occasion de vous témoigner le zèle respectueux avec lequel je suis,

MONSEIGNEUR,

Votre très-humble &
très-obéissant Servi-
teur MACQUER.

PRÉFACE.

Epuis que les hommes, revenus de leurs anciens préjugés, ont senti en cultivant les Sciences & la Physique, que ce n'étoit point par de vains raisonnemens qu'ils pouvoient parvenir à connoître les causes de tous les phénoménes que l'univers ne cesse de leur offrir; mais que les bornes prescrites à leur esprit, ne leur laissoient d'autre moyen d'approfondir les merveilles de la nature, que l'usage de leurs sens, c'est-à-dire l'expérience : on peut dire avec vérité que la Physique a entièrement changé de face, & qu'elle a fait plus de progrès dans l'espace d'un siécle & demi qu'il y a qu'on

suit cette méthode, quelle n'en
avoit fait dans les milliers d'années qui ont précédé.

Mais si cela est vrai à l'égard
des autres parties de la Physique,
la chose est en quelque forte
encore plus certaine par rapport
à la Chymie. Quoiqu'on ne puisse dire que cette Science ait jamais été destituée d'expériences,
cependant elle étoit tombée dans
le même inconvénient que les
autres, pareeque ceux qui la cul-
tivoient ne faifoient leurs expériences qu'en conféquence de
raifonnemens & de principes
qui n'avoient de fondement que
dans leur imagination.

De-là cet amas mal afforti, &
cette énorme confufion de faits
qui étoient il y a quelque
tems toute la fçience des Chymiftes. La plupart (c'étoit ceux
principalement qui prenoient le

faftueux nom d'Alchymiftes)
croyoient par exemple , que les
métaux n'étoient qu'un or commencé & ébauché par la nature ,
qui par la coction qu'ils éprou-
voient dans les entrailles de la
terre , acquéroient différens dégrés de maturité & de perfec-
tion , & pouvoient enfin devenir
entièrement femblables à ce beau
métal.

Sur ce principe, qui s'il n'eft
pas démontré abfolument faux ,
eft au moins dénué de toute cer-
titude , & n'eft fondé fur aucune
obfervation , ils ont entrepris
d'achever l'ouvrage de la nature ,
& de procurer aux métaux imparfaits cette coction fi defirable.
Pour y parvenir , ils ont fait une
infinité d'expériences & de tenta-
tives, qui n'ont fervi qu'à démen-
tir leur fyftême & à faire fentir
aux plus fenfés combien étoit dé-

fectueufe la méthode qu'ils a-
voient employée.

Cependant, comme les faits ne
font jamais inutiles en Phyfique,
il eft arrivé que ces expériences,
quoiqu'infructueufes à l'égard de
l'objet pour lequel elles avoient
été entreprifes, ont été l'occafion
de beaucoup d'autres découvertes curieufes & avantageufes.

L'effet que cela a produit a
été d'exciter le courage de ces
Chymiftes, ou plutôt Alchymiftes, qui regardoient ces fuccès
comme des acheminemens au
grand œuvre, & d'augmenter
beaucoup la bonne opinion qu'ils
avoient d'eux-mêmes, & de leur
Science, qu'ils préféroient à caufe
de cela à toutes les autres. Ils
ont même pouffé fi loin cette
idée de fupériorité, qu'ils ont re-
gardé le refte des hommes comme indignes ou incapables de

s'élever à des connoiffances fi fublimes. En conféquence, la Chymie eft devenue une Sçience occulte & myftérieufe ; fes expreffions n'étoient que des figures, fes tours de phrafe des métaphores, fes axiomes des enigmes, en un mot le caractère propre de fon langage étoit d'être obfcur & inintelligible.

Par ce moyen ces Chymiftes, en voulant cacher leurs fecrets, avoient rendu leur Art inutile au genre humain, & de-là juftement méprifable. Mais enfin le goût de la vraie Phyfique a prévalu dans la Chymie, comme dans les autres Sçiences. Il s'eft élevé de grands génies, des hommes affés généreux pour croire que leur favoir ne feroit véritablement eftimable qu'autant qu'il feroit profitable à la Société. Ils ont fait leurs efforts pour rendre publiques & utiles, tant de belles connoiſſances auparavant infructueuſes; ils ont tiré le voile qui couvroit la Chymie : & cette Sçience en ſortant des profondes ténébres dans leſquelles elle étoit cachée depuis tant de ſiécles, n'a fait que gagner à ſe montrer au grand jour. Pluſieurs ſociétés de ſçavans ſe ſont formées dans les Royaumes les plus éclairés de l'Europe : elles ont travaillé à l'envi les unes des autres à l'exécution d'un ſi beau projet ; la Sçience eſt devenue communicative, la Chymie a fait des progrès rapides, les Arts qui en dépendent ſe ſont enrichis & perfectionnés ; elle a pris une forme nouvelle, en un mot elle a mérité pour lors véritablement le nom de Sçience, ayant ſes principes & ſes régles fondés ſur de ſolides expériences & des raiſonnemens conſéquens.

Depuis ce tems , les connoiffances des Chymiftes fe font tellement multipliées,& celles qu'ils
acquiérent encore par une expérience journaliere augmentent
fi fort l'étendue de leur Art , qu'il
faut auffi des livres d'une très-
grande étendue pour le décrire
en entier. En un mot on peut
en quelque forte comparer à préfent la Chymie à la Géométrie ;
l'une & l'autre Science offre une
matière extrêmement ample , qui
augmente confidérablement chaque jour ; elles font toutes deux
le fondement des Arts utiles &
même néceffaires à la Société ;
elles ont leurs axiomes & leurs
principes certains, les uns démon-
trés par l'évidence , & les autres
appuyés fur l'expérience ; parcon-
féquent l'une peut auffi-bien que
l'autre être réduite à certaines vérités fondamentales qui font la

source de toutes les autres. Ce sont ces vérités fondamentales qui réunies ensemble, & présentées avec ordre & précision, forment ce qu'on appelle Elémens d'une Science. On n'ignore point combien on a multiplié ces sortes d'ouvrages à l'égard de la Géométrie ; mais il n'en est pas de-même de la Chymie, il n'y a qu'un très-petit nombre de livres qui traitent de cette Science réduite sous la forme élémentaire.

On ne peut cependant disconvenir que les Ouvrages de cette espéce ne soient d'une très-grande utilité. Une infinité de personnes qui ont du goût pour les Sciences, sans avoir assés de loisir pour lire des Traités complets qui descendent dans de grands détails, aiment à trouver un livre par le moyen duquel, sans sacrifier beaucoup de leur

tems , & se détourner de leurs
occupations ordinaires, elles peuvent prendre une teinture & une
idée juste d'une Science qui n'est
point leur principal objet. Ceux
qui ont dessein de pousser plus
loin l'étude & d'approfondir davantage, peuvent se faciliter par
la lecture d'un Traité élémentaire
l'intelligence des Auteurs , qui
n'écrivant le plus souvent que
pour les gens de l'Art, sont obscurs
& difficiles à entendre pour les
commençans. Enfin j'ose dire
que des Élémens de Chymie peuvent être un livre fort utile à ceux
même qui ont déja fait des progrès dans cette Science : car comme ils ne renferment que les pro-
positions fondamentales, & qu'ils
sont un abrégé de toute la Chymie, ils servent à récapituler ce
qu'on a lu de plus important
dans différens livres, & à fixer

dans la mémoire les vérités les plus effentielles, qui fans ce fe-cours pourroient s'y confondre avec d'autres, ou être oubliées. Ce font toutes ces raifons qui m'ont déterminé à compofer l'Ouvrage que je donne au Public.

Le plan que je me fuis princi-palement propofé de fuivre, eft de ne fuppofer aucune connoiffance Chymique dans mon Lecteur; de le conduire des vérités les plus fimples & qui fuppofent le moins de connoiffances, aux vérités les plus compofées qui en demandent davantage. Cet ordre que je me fuis prefcrit, m'a impofé la loi de traiter d'abord des fubftances les plus fimples que nous connoif-fions, & que nous regardons com-me les élémens dont les autres font compofées, parceque la connoif-fance des propriétés de ces parties élémentaires conduit natu-

rellement

rellement à découvrir celles de leurs différentes combinaisons ; & qu'au contraire la connoissance des propriétés des corps composés, demande qu'on soit déja instruit de celles de leurs principes. La même raison m'engage, lorsque je traite des propriétés d'une substance, à ne parler d'aucune de celles qui sont relatives à quelqu'autre substance dont je n'ai point encore parlé. Par exemple, traitant des acides avant les métaux, je ne parle point à l'article de ces acides, de la propriété qu'ils ont de dissoudre ces mêmes métaux ; j'attens pour en parler que j'en sois à l'article des métaux : cela me fait éviter de parler avant son tems d'une substance que je suppose entièrement inconnue au Lecteur. Je me suis déterminé d'autant plus volontiers à suivre cette méthode, que

e

je ne connois aucun livre de
Chymie qui soit fait sur ce plan.

Après avoir parlé sommairement des élémens, je traite des
substances qui en sont immédiatement composées, & après eux
sont les plus simples ; telles sont
les matières salines. Cet article
renferme les acides minéraux,
les alkalis fixes, & leurs différentes
combinaisons, l'esprit sulphureux
volatil, le souffre, le phosphore
& les sels neutres qui ont pour
base une terre ou un alkali fixe ;
ceux qui ont pour base un alkali volatil ou une substance métallique sont renvoyés, conformément à notre plan, aux articles
où on traite de ces matières.

Les substances métalliques ne
sont guères plus composées que
les matières salines ; c'est ce qui
m'engage à en parler immédiatement après. Je commence par

celles qui font les plus fimples,
ou du moins dont les principes
étant unis enfemble plus étroitement, font plus difficiles à féparer :
telles font les métaux proprement
dits, l'Or, l'Argent, le Cuivre,
le Fer, l'Etain, & le Plomb.
Enfuite viennent par ordre les
demi-métaux, le Régul d'Antimoine, le Zinc, le Bifmuth,
& le Régul d'Arfenic. Le Mercure étant une fubftance douteu-
fe, que certains Chymiftes ran-
gent dans la claffe des métaux,
d'autres dans celle des demi-métaux, parce qu'il a effectivement
des propriétés qui lui font communes avec les uns & les autres,
j'en ai traité dans un chapitre
particulier que j'ai placé entre
les métaux & les demi-métaux.

Je paffe enfuite à l'examen des
différentes efpéces d'huiles, tant
des végétales, qui fe divifent en

huiles graffes, effentielles & empyreumatiques, que des animales, & des minérales.

L'examen des matières dont
je viens de parler donne des idées
de tous les principes qui entrent
dans la combinaifon des corps
végétaux & animaux, & par
conféquent des matières qui font
fufceptibles de fermentation : je
fuis donc en état pour lors de
parler de la fermentation en général ; de fes trois différens dégrés ou efpéces, qui font la fpiritueufe, l'acide & la putride ;
& des produits de ces fermentations, les efprits ardens, les acides analogues à ceux des végétaux & des animaux, & les alkalis volatils.

Comme l'ordre dans lequel
nous traitons de toutes ces fubftances n'eft pas celui dans lequel
on les retire des corps compofés,

je donne dans un chapitre particulier une idée générale de
l'Analyse Chymique, dont le but
eſt de faire voir dans quel ordre on
les retire des différentes matières
dans la compoſition deſquelles
elles ſont entrées : cela les remet
ſous les yeux une ſeconde fois,
& me donne occaſion de faire
diſtinguer celles qui exiſtent naturellement dans les corps compoſés, d'avec celles qui ne ſont
que le réſultat de la combinaiſon
que le feu fait de quelques-uns
de leurs principes.

Ce chapitre eſt ſuivi de l'explication de la Table des Affinités
de feu M. Geoffroy, que je crois
très-utile à la fin d'un Traité élémentaire comme celui-ci, pour
raſſembler ſous un ſeul point de
vue les vérités les plus eſſentielles
& fondamentales diſperſées dans
tout l'Ouvrage.

Je finis par expofer la conf-
truction & l'ufage des vaiffeaux
& fourneaux les plus ufités.

Je ne parle point dans cet Ouvrage, de la manipulation & des
différentes manières de faire les
opérations chymiques, ainfi ce
n'eft qu'un Traité élémentaire de
Chymie théorique. Si le Public
le juge digne de fon attention,
j'en donnerai un autre, où il fera
uniquement queftion des opérations : il fera comme la fuite de
celui-ci, en fuppofera la lecture,
& fera un livre d'élémens de
Chymie pratique.

Fin de la Préface.

TABLE
DES CHAPITRES
contenus dans ce Volume.

CHAPITRE I. *Des Principes.* 1

CHAP. II. *Idée générale des rapports des différentes Substances.* 19

CHAP. III. *Des Substances salines en général.* 23

CHAP. IV. *Des différentes espéces de Substances salines.* 38

CHAP. V. *De la Chaux.* 61

CHAP. VI. *Des Substances métalliques en général.* 74

CHAP. VII. *Des Métaux.* 81

CHAP. VIII. *Du Vif-Argent.* 132

CHAP. IX. *Des Demi-Métaux.* 143

CHAP. X. *De l'Huile en général.* 175

CHAP. XI. *Des différentes espéces d'Huile.* 182

CHAP. XII. *De la Fermentation en général.* 190

CHAP XIII. *De la Fermentation spiri-tueuse.* 193

CHAP. XIV. *De la Fermentation aci-*
de. 210

CHAP. XV. *De la Fermentation pu-*
tride, ou de la Putréfaction. 222

CHAP. XVI. *Idée générale de l'Analyse*
chymique. 236

CHAP. XVII. *Explication de la Table*
des Affinités. 257

CHAP. XVIII. *Théorie de la construc-*
tion des vaisseaux les plus usités en
Chymie. 264

CHAP. XIX. *Théorie de la construction*
des Fourneaux les plus usités en
Chymie. 293

Fin de la Table.

ELEMENS

ELEMENS
DE CHYMIE
THÉORIQUE.

CHAPITRE PREMIER.

Des Principes.

Eparer les différentes fubf-
tances qui entrent dans la
compofition d'un corps, les
examiner chacune en particulier, reconnoître leurs propriétés &
leurs analogies, les décompofer encore elles-mêmes fi cela eft poffible, les
comparer & les combiner avec d'autres fubftances, les réunir & les re-
joindre de nouveau enfemble, pour
faire reparoître le premier mixte avec

A

toutes ſes propriétés ; c'eſt-là l'objet &
le but principal de la Chymie.

Mais cette analyſe , & cette décompoſition des corps eſt bornée : nous ne
pouvons la pouſſer que juſqu'à un certain point , au-delà duquel tous nos
efforts ſont inutiles. De quelque manière que nous nous y prenions , nous
ſommes toujours arrêtés par des ſubſtances que nous trouvons inaltéra-
bles , que nous ne pouvons plus décompoſer , & qui nous ſervent comme
de barrières au - delà deſquelles nous
ne pouvons aller.

C'eſt à ces ſubſtances que nous de-
vons , je crois , donner le nom de principes ou d'élémens , au moins le ſont-
elles véritablement par rapport à nous ;
telles ſont principalement la Terre &
l'Eau , auxquelles on peut ajouter l'Air
& le Feu. Car quoiqu'il y ait lieu de
croire que ces ſubſtances ne ſont pas
effectivement les parties primordiales
de la matière , & les élémens les plus
ſimples ; comme l'expérience nous a
appris qu'il nous eſt impoſſible de reconnoître par nos ſens quels ſont les
principes dont elles ſont elles-mêmes

compofées , je crois qu'il eft plus rai-
fonnable de nous en tenir là , & de les
confidérer comme des corps fimples ,
homogènes & principes des autres ,
que de nous fatiguer à deviner de
quelles parties ou élémens elles peuvent être compofées , n'ayant aucun
moyen de nous affurer fi nous avons
rencontré jufte, ou fi nos idées ne font
que des chimères. Nous regarderons
donc ces quatre fubftances comme principes ou élémens de tous les différens
compofés que nous offre la nature ,
parcequ'effectivement de toutes celles
que nous connoiffons , ce font les plus
fimples,& que le réfultat de toutes nos
analyfes , & de nos expériences fur les
autres corps , eft de nous faire appercevoir qu'ils fe réduifent enfin à ces
parties primitives.

Ces principes ne font point en même quantité dans les différens corps ;
il y a même certains mixtes dans la
combinaifon defquels tel ou tel principe n'entre aucunement : par exemple , l'air & l'eau font totalement
exclus de la compofition des métaux.
Nous nommerons les mixtes qui font

composés immédiatement de ces premiers élémens, Principes secondaires, parcequ'effectivement, ce sont leurs différentes unions mutuelles, & leurs combinaisons réciproques, qui constituent la nature & la différence de tous les autres corps qui, comme résultats de la jonction des principes tant primitifs que secondaires, méritent proprement le nom de composés, ou de mixtes.

Avant de passer à l'examen des corps composés, il est à propos de s'arrêter quelque tems à considérer les plus simples, ou nos quatre premiers principes, pour en reconnoître les principales propriétés.

L'Air.   L'Air est le fluide que nous respirons continuellement, & qui environne toute la superficie du globe terrestre. Etant pesant comme tous les autres corps, il pénétre dans tous les endroits qui lui sont ouverts, & où il ne s'en trouve point de plus pesant que lui. Sa principale propriété est d'être susceptible de condensation & de raréfaction ; en sorte qu'une même quantité d'Air peut occuper un es-

pace beaucoup plus ou beaucoup moins L'Air
grand, fuivant l'état où il fe trouve.
La chaleur & le froid, ou fi l'on veut
la préfence ou l'abfence des parties de
feu, font les caufes les plus ordinaires
& même la régle de fa condenfation
ou de fa raréfaction; en forte que fi
on échauffe une certaine quantité
d'Air, cet Air augmente de volume à
proportion du dégré de chaleur qu'il
éprouve; d'où il arrive que dans le même efpace, il fe trouve un moindre
nombre de fes parties qu'il n'y en
avoit avant qu'il fût échauffé : l'effet
contraire eft produit par le froid.

C'eft cette propriété qu'a l'Air de fe
condenfer ou de fe dilater par l'action
du feu, qui met principalement en jeu
fon élafticité; car fi l'Air qu'on force
par la condenfation à occuper un efpace moindre qu'il n'occupoit d'abord,
éprouvoit en même-tems un dégré de
froid affés confidérable, il demeure-
roit dans une inaction parfaite, & cef-
feroit de faire effort comme il a coutume, fur les corps qui le compriment.
De même, l'Air qui eft échauffé ne fait
paroître fon élafticité, que parceque la

 chaleur le force à occuper un espace plus grand qu'il n'occupoir d'abord.

L'Air entre dans la composition de plusieurs subftances , sur-tout végétales & animales. Car on ne peut faire l'analyse de la plupart de ces matières, qu'il ne s'en dégage une quantité , qui est même si confidérable , que cela a fait douter à quelques Physiciens qu'il eût sa propriété élastique lorsqu'il est ainsi combiné avec les autres principes pour entrer dans la composition des corps. Suivant eux, l'effet de l'élasticité de l'Air est si prodigieux , & son effort est si énorme lorsqu'il est comprimé, qu'il est impossible que les parties qui composent les corps pussent le retenir dans un état de compression aussi confidérable qu'il faudroit qu'il fût, s'il étoit renfermé entre les parties de ces mêmes corps avec toute son élasticité.

Quoiqu'il en soit , c'est cette propriété élastique de l'Air, qui est la cause des plus singuliers & des plus importans phénoménes qu'il préfente , tant dans l'analyse que dans la combinaison des corps.

L'Eau eſt un corps ſi connu, qu'il eſt L'E A U.
preſque inutile d'en donner ici une
idée générale : tout le monde ſçait que
c'eſt une ſubſtance diaphane, inſipide,
& pour l'ordinaire fluide. Je dis pour
l'ordinaire ; car attendu que quand
elle éprouve un certain dégré de froid
elle devient ſolide, ſon état naturel
paroît au contraire être la ſolidité.

Lorſque l'Eau eſt expoſée au feu,
elle s'echauffe ; mais juſqu'à un certain
point au-delà duquel ſa chaleur n'augmente plus, quelque violent que ſoit
le feu auquel on l'expoſe : ce dégré de
chaleur eſt l'état où elle eſt lorſqu'elle
bout à gros bouillons. La raiſon de ce
phénoméne, eſt que l'Eau eſt volatile, &
ne peut ſupporter la chaleur ſans s'évaporer & ſe diſſiper entièrement. Si cependant on applique à l'Eau une chaleur ſi violente & ſi ſubite qu'elle n'ait
point le tems de s'exhaler doucement
en vapeurs ; comme ſi par exemple on
en jette une petite quantité dans un
métal qui eſt en fuſion : alors elle ſe diſſipe, mais avec une telle impétuoſité,
qu'il ſe fait une détonnation des plus
terribles & des plus dangereuſes. On

A iv

 peut rapporter la cause de cet effet sur-
prenant, à la dilatation subite des parties même de l'eau, ou-bien de celles
de l'air qu'elle contient. Car le bouillonnement qu'elle éprouve lorsqu'elle
est exposée au feu, ou dans le récipient
de la machine pneumatique, qui n'est
autre chose que le dégagement de l'air
qui souléve, en sortant, ses parties,
prouve qu'elle contient une certaine
quantité d'air, dont il est même comme
impossible de la dépouiller entièrement.

Au reste, l'Eau entre dans la combinaison de beaucoup de corps, tant
composés que principes secondaires;
mais elle est exclue, comme l'air, de la
combinaison des métaux & de la plupart des minéraux; au moins cela est
prouvé par toutes les expériences qu'on
à faites jusqu'à présent sur cette matière. Car quoiqu'il se trouve une quantité
d'Eau immense dans les entrailles de
la terre, & qu'elle mouille tout ce qui y
est contenu, il faut bien se donner de
garde de conclure qu'elle soit pour
cela un des principes des minéraux;
elle n'est qu'interposée entre leurs par-

ties, puisqu'on peut les en dépouiller
entièrement, sans qu'ils souffrent la
moindre décomposition : elle ne peut
même contracter avec eux aucune
union intime.

Les deux principes dont nous venons de parler sont, comme nous l'avons dit, volatils ; c'est-à-dire que le feu les sépare des corps dans la composition desquels ils entrent, en les enlevant & les dissipant. Celui dont il s'agit à présent, je veux dire la Terre, est fixe, & résiste, quand il est absolument pur, à la plus grande violence du feu. Ainsi on doit regarder ce qui reste d'un corps quand il a été exposé à l'action du feu la plus vive, comme contenant principalement son principe terreux. Je dis contenant principalement, pour deux raisons : la première, c'est qu'il arrive souvent que ce résidu ne contient pas effectivement toute la terre qui entroit dans la combinaison du mixte qu'on a décomposé, attendu, comme nous le verrons par la suite, que la Terre, quoique fixe par elle-même, peut être rendue volatile quand elle est jointe intimement avec certai-

nes substances qui le font, & qu'il est
assés ordinaire qu'une partie de la Terre d'un corps soit ainsi volatilisée par
quelqu'un de ses autres principes. La
seconde, est que ce qui reste après la
calcination d'un corps, n'est pas ordinairement sa terre absolument pure,
mais combinée avec quelques-uns de
ses autres principes qui, de volatils
qu'ils étoient par eux-mêmes, ont été
fixés par l'union qu'ils ont contractée
avec elle. Nous verrons dans la suite,
des exemples qui éclairciront cette
théorie. La Terre donc, proprement
dite, est un principe fixe, & qui ne peut
être enlevé par le feu. Il y a lieu de
croire qu'il est très-difficile, & même
impossible, d'avoir le principe terreux
entièrement dégagé de toute autre
substance : car nous voyons que la terre
que nous retirons des différens composés, a des propriétés différentes suivant
les corps dont nous l'avons retirée,
quelqu'effort que nous fassions pour la
purifier ; ou bien il faut dire que si ces
terres sont pures, ayant des propriétés
différentes, elles diffèrent essentiellement.

La principale division qu'on peut
faire de la Terre, par rapport à ses propriétés, est en Terre fusible & Terre non-
fusible ; c'est-à-dire, Terre que le feu
peut fondre ou rendre fluide , &
Terre qui reste toujours solide & ne
se fond point, quelque grande que soit
l'action du feu à laquelle on l'expose.
On appelle aussi la première, Terre vitrifiable , & la seconde , Terre invitrifiable ; parceque quand la Terre a
été fondue par le feu, elle devient ce
que nous appellons du verre , qui n'est
autre chose que les parties de la Terre,
qui étoient d'abord désunies , qui sont
rapprochées & intimement unies ensemble. Peut-être la Terre que nous
regardons comme invitrifiable devien-
droit-elle fusible, si nous avions un dégré de chaleur assés grand : mais il est
toujours certain que les Terres différent entr'elles par la plus ou moins
grande fusibilité ; cela peut donner
lieu de croire qu'il y a une espéce de
Terre qui est absolument invitrifiable
par elle-même , & qui étant mêlée en
différentes proportions avec la Terre
fusible , la rend plus ou moins diffi-

LA
TERRE. cile à fondre. Quoiqu'il en foit, comme il y a des Terres abfolument invitrifiables pour nous, cela nous fuffit pour nous en tenir à la divifion que nous avons déja donnée. La Terre non-fufible paroît poreufe, & fe laiffe pénétrer par l'eau, ce qui la fait nommer auffi Terre abforbante.

LE FEU. La matière du foleil, ou de la lumière, le phlogiftique, le feu, le foufre principe, la matière inflammable, font tous les noms par lefquels on a coutume de défigner l'élément du Feu. Mais il paroît qu'on n'a pas fait une diftinction affés exacte des différens états où il fe trouve ; c'eft-à-dire des phénoménes qu'il préfente, & du nom qu'il mérite véritablement lorfqu'il entre effectivement comme principe dans la compofition d'un corps, ou bien lorfqu'il eft feul & dans fon état naturel.

Si on l'envifage fous cette dernière vue, le nom de Feu, de matière du foleil, de la lumière & de la chaleur, lui convient particulièrement. Pour lors, c'eft une fubftance que l'on peut confidérer comme compo-

fée de particules infiniment petites, LE FEU
qui font agitées par un mouvement très-
rapide & continuel, par conféquent
effentiellement fluide. Cette fubftance, dont le foleil eft comme le ré-
fervoir général, s'en émane perpétuel-
lement, & eft répandue univerfelle-
ment dans tous les corps que nous
connoiffons ; mais non pas comme
principe ou effentielle à leur mixtion,
puifqu'on peut les en priver, du moins
en grande partie, fans qu'ils fouffrent
pour cela la moindre décompofition.
Le plus grand changement que fa préfence ou fon abfence leur caufe, eft de
les rendre ou fluides ou folides ; enforte qu'on peut regarder tous les autres corps comme folides de leur nature, & le Feu feul comme fluide par
effence, & principe de la fluidité des
autres. Cela fuppofé, l'air même pourroit devenir folide, s'il étoit poffible
de le priver fuffifamment du feu qu'il
contient, comme les corps les plus difficiles à fondre deviennent fluides lorfqu'on les pénétre d'une affés grande
quantité de parties de Feu.

Une des principales propriétés de ce

Le Feu. Feu pur, eſt de pénétrer facilement tous les corps, & de ſe diſtribuer entr'eux avec une ſorte d'équilibre & d'égalité; enſorte que ſi un corps chaud ſe trouve contigu à un corps froid, le corps chaud communique au corps froid tout ce qu'il a de chaleur excédente : il arrive que l'un ſe refroidit dans la même proportion que l'autre s'échauffe, juſ-qu'à ce qu'ils ſoient tous les deux par-faitement au même dégré. Une autre propriété du Feu, eſt de dilater tous les corps qu'il pénétre, comme nous l'avons déja vu à l'égard de l'air & de l'eau : il produit auſſi le même effet à l'égard de la terre.

Le Feu eſt l'agent le plus puiſſant que nous ayons pour décompoſer les corps. Le plus grand dégré de chaleur que les hommes puiſſent produire, eſt celui qu'on excite en raſſemblant les rayons du ſoleil par le moyen d'un verre lenticulaire.

Le Phlogis-tique. On voit par ce que nous venons de dire ſur la nature du Feu qu'il nous eſt impoſſible de le retenir & de le fi-xer dans aucun corps. Cependant les phénoménes que préſentent les ma-

tières inflammables lorsqu'elles brulent, nous indiquent qu'elles contiennent réellement la matière du Feu
comme un de leurs principes. Par quel
méchanisme ce fluide si pénétrant, si
actif, si difficile à retenir, pour lequel
aucune forte de substance n'est impéné-
trable, se trouve-t-il donc fixé de telle
forte qu'il fait partie des corps les plus
solides ? c'est une question à laquelle
je crois que les hommes font peu capables de répondre. Mais sans vouloir
deviner ici la cause de ce phénoméne,
tenons-nous-en à l'effet qui est certain,
& de la connoissance duquel nous retirons à coup sûr de grands avanta-
ges. Examinons donc les propriétés
de ce feu fixé, & devenu principe des
corps. C'est lui auquel nous donnerons particulièrement le nom de matière inflammable, de soufre principe, ou de Phlogistique, pour le distinguer du Feu pur. Voici en quoi il
diffère du Feu élémentaire : 1°. Quand
il s'unit à un corps, il ne lui communique ni chaleur, ni lumière : 2°. Il
ne change rien à son état de solidité
ou de fluidité ; en forte qu'un corps

solide ne devient point fluide par l'ad-dition du Phlogiſtique,*& vice verſâ*, il rend ſeulement les corps ſolides auſ-quels il ſe joint, plus diſpoſés à en-trer en fuſion par l'action du Feu or-dinaire : 3°. Nous pouvons le tranſ-porter d'un corps auquel il eſt joint, dans un autre corps dans la compoſi-tion duquel il entre & demeure fixé.

Ces deux corps, tant celui auquel on enléve le Phlogiſtique que celui au-quel on le donne, éprouvent pour lors des changemens très - conſidérables. C'eſt ce dernier phénoméne qui nous engage particulièrement à diſtinguer le Phlogiſtique du Feu pur, & à le con-ſidérer comme l'élément du Feu com-biné avec quelqu'autre ſubſtance, qui lui ſert comme de baſe pour former un eſpéce de principe ſecondaire. Car s'ils ne différoient point l'un de l'au-tre, nous devrions pouvoir introduire & fixer le Feu pur dans les mêmes corps où nous introduiſons & fixons le Phlogiſtique ; & c'eſt cependant ce qui nous eſt impoſſible, comme on le verra par les expériences qui ſeront rapportées dans la ſuite.

Juſqu'à

Juſqu'à préſent les Chymiſtes n'ont pu parvenir à avoir le Phlogiſtique pur & ſéparé de toute autre ſubſtance: car il n'y a que deux moyens de l'enlever à un corps duquel il fait partie ; ſçavoir , de lui préſenter un autre corps, avec lequel il ſe joint dans le même inſtant qu'il quitte le premier ; ou-bien de calciner & enflammer le compoſé dont on veut le ſéparer. Dans le premier cas , il eſt évident qu'on n'a pas le Phlogiſtique pur, puiſqu'il ne fait que paſſer d'une combinaiſon dans une autre ; & dans le ſecond , il ſe décompoſe & ſe diſſipe entièrement, en ſorte qu'il eſt abſolument impoſſible de le retenir.

L'inflammabilité d'un corps eſt une marque certaine qu'il contient le Phlogiſtique ; mais de ce qu'un corps n'eſt point inflammable , on ne peut conclure qu'il n'en contient point ; car l'expérience nous a démontré qu'il y a certains métaux qui abondent en Phlogiſtique,& qui ne ſont nullement inflammables.

Voilà ce qu'il y a de plus eſſentiel à connoître ſur les principes en

B

général. Ils ont encore plufieurs autres propriétés, mais dont il n'eft pas
à propos de parler d'abord, parcequ'elles fuppofent des connoiffances
fur des corps dont nous n'avons encore rien dit. Nous les ferons remarquer par la fuite, à mefure que l'occafion s'en préfentera. Je me con-
tente d'indiquer ici, qu'une partie du
Phlogiftique contenu dans les matières animales & végétales, lorfqu'on fait
bruler ces matières en les empêchant
de s'enflammer, fe joint intimement
avec leurs parties terreufes les plus fixes, & forme un compofé qui ne peut
fe confumer qu'en rougiffant & fcin-
tillant à l'air libre, fans jetter de
flamme : on a donné à ce compofé le
nom de charbon. Nous parlerons des
propriétés du charbon à l'article des
huiles ; il fuffit que nous fçachions
pour le préfent ce que c'eft en général,
& qu'il eft très-propre à tranfmettre
à d'autres fubftances le Phlogiftique
qu'il contient.

CHAPITRE II.

Idée générale des rapports des différentes Subſtances.

AVant de parvenir à réduire les corps compoſés aux premiers principes dont nous venons de parler, on en retire, lorſqu'on en fait l'analyſe, certaines ſubſtances, à la vérité plus ſimples que les corps dont elles faiſoient partie, mais qui ſont elles-mêmes compoſées de nos principes primitifs. Elles ſont par conſéquent en même-tems principes & compoſés ; ce ſont elles auxquelles nous donnerons, comme nous avons dit, le nom de Principes ſecondaires : telles ſont principalement toutes les matières ſalines & huileuſes. Avant d'entrer dans l'examen de leurs propriétés, il eſt bon de donner une idée générale de ce qu'on appelle en Chymie Rapports ou Affinités des corps, parceque la connoiſſance en eſt néceſſaire pour bien entendre les combinaiſons.

Toutes les expériences qui ont été
faites jusqu'à préfent, & celles que l'on
fait encore chaque jour, concourent à
prouver qu'il y a entre les différens
corps tant principes que compofés, une
convenance, rapport, affinité, ou at-
traction fi l'on veut, qui fait que certains corps font difpofés à s'unir enfemble, tandis qu'ils ne peuvent contracter aucune union avec d'autres :
c'eft cet effet, quelle qu'en foit la caufe,
qui nous fervira à rendre raifon de tous
les phénoménes que fournit la Chymie, & à les lier enfemble. Voici plus
particulièrement en quoi il confifte.

Si une fubftance a de l'affinité ou
du rapport avec une autre fubftance,
elles s'uniffent toutes deux enfemble &
forment un compofé ; & fi on préfente à ce compofé, un troifiéme corps
qui n'ait point d'affinité avec une de
ces deux fubftances principes, & qui
ait avec l'autre un rapport plus grand
que celui qu'elles ont entr'elles, alors
il fe fait une décompofition & une
nouvelle union, c'eft-à-dire, que ce
troifiéme corps fépare ces deux fubftances l'une de l'autre, s'unit avec

celle avec laquelle il a de l'affinité, LES AF-
forme avec elle une nouvelle combi- FINITÉ'S.
naiſon, & dégage l'autre, qui pour lors
demeure libre, & telle qu'elle étoit
avant d'avoir contracté aucune union.

Secondement, il arrive quelquefois
que quand on préſente un troiſiéme
corps à un compoſé de deux ſubſtances, il ne ſe fait point de décompoſition;
mais que ces deux ſubſtances, ſans ſe
quitter, ſe joignent avec le corps qu'on
leur préſente, & forment un compoſé
qui a trois principes : cela arrive quand
ce troiſiéme corps a un rapport égal, ou
preſque égal, avec l'une & l'autre ſubſtance, & que ce rapport qu'il a avec ces
ſubſtances eſt moindre que celui qu'elles ont entr'elles.

Troiſiémement, un corps qui par
lui-même ne peut pas décompoſer un
compoſé de deux ſubſtances, parceque comme nous avons dit, elles ont
un rapport plus grand que celui qu'il
a avec l'une ou avec l'autre, devient
cependant capable de les ſéparer, en
s'uniſſant avec l'une d'entr'elles, lorſqu'il eſt lui-même combiné avec un
autre corps qui a auſſi un dégré d'af-

finité avec l'autre substance assés grand
pour compenser le défaut de la sien-
ne. Il y a pour lors deux affinités, &
il se fait une double décomposition
& une double union.

Quatriémement, il faut bien remarquer que quand les substances s'unissent ensemble, elles perdent une partie
de leurs propriétés, & que les composés qui résultent de leur union parti-
cipent des propriétés de ces substances qui leur servent de principes.

Cinquiémement, on peut établir
comme une loi générale que toutes
les substances semblables ont de l'affinité ensemble, & sont par conséquent
disposées à se joindre, comme l'eau à
l'eau, la terre à la terre.

Sixiémement, enfin, plus les substances sont simples, plus leurs affinités sont sensibles & considérables :
d'où il suit que moins les corps sont
composés, plus il est difficile d'en faire
l'analyse, c'est-à-dire, de séparer l'un
de l'autre les principes qui les composent.

Ces vérités fondamentales desquelles nous déduirons l'explication de

tous les phénoménes de la Chymie, vont être confirmées, & infiniment éclaircies, par l'application que nous en ferons aux différens exemples dans le détail desquels nous sommes obligés d'entrer pour remplir notre objet.

CHAPITRE III.

Des Substances salines en général.

SI une partie d'eau se joint intimement avec une partie de terre, il doit en résulter un nouveau composé qui, suivant nos principes, participera des propriétés de la terre & de l'eau : c'est cette combinaison qui forme principalement ce qu'on nomme Substance saline. Par conséquent toute Substance saline doit avoir de l'affinité avec la terre & avec l'eau, ou pouvoir se joindre & s'unir avec l'un ou l'autre de ces principes, soit qu'ils soient séparés, soit même qu'ils soient joints ensemble : c'est aussi cette propriété qui caractérise en général tous les Sels, ou matières salines.

Comme l'eau eſt volatile, & que la terre eſt fixe, les Sels en général ſont moins volatils que l'eau & moins fixes que la terre; c'eſt-à-dire, que le feu qui ne peut enlever & volatiliſer la terre pure, peut raréfier & volatiliſer une matière ſaline, mais il faut pour cela un dégré de chaleur plus fort que celui qui eſt néceſſaire pour produire le même effet ſur l'eau pure.

Il y a pluſieurs eſpéces de Sels qui diffèrent les uns des autres, ſoit par la quantité, ſoit par la qualité de terre qui entre dans leur compoſition; ſoit enfin par l'addition de quelques autres principes, qui n'étant pas combinés avec eux en aſſés grande quantité pour empêcher leurs propriétés ſalines de ſe manifeſter, permettent qu'on leur laiſſe le nom de Sels, quoiqu'ils les faſſent différer aſſés conſidérablement des matières ſalines les plus ſimples.

Il eſt aiſé de conclure de ce que nous venons de dire ſur les Sels en général, qu'il doit y en avoir de plus ou moins fixes & volatils, & de plus ou moins diſpoſés à ſe joindre avec l'eau, ou avec la terre, ou avec certaines eſpéces

péces de terre, fuivant l'efpéce ou la proportion de leurs principes.

Avant d'aller plus loin, il eft bon que je rapporte en peu de mots les principales raifons qui nous engagent à croire que toute Subftance faline eft effectivement une combinaifon de terre & d'eau, comme je l'ai fuppofé lorfque j'ai commencé à en parler. La première, eft la convenance ou les propriétés communes qu'ont les Sels avec la terre & l'eau ; nous nous étendrons fur ces propriétés, à mefure que nous aurons occafion de les faire remarquer, en examinant les différentes efpéces de Sels : & la feconde, c'eft que tous les Sels peuvent être effectivement réduits en terre & en eau, par différens procédés, fur-tout par les diffolutions faites par l'eau, les évaporations, déficcations, & calcinations réitérées.

A la vérité les Chymiftes n'ont pu jufqu'à préfent parvenir à produire une matière faline en combinant enfemble la terre & l'eau. Cela peut faire foupçonner qu'il entre quelqu'autre principe que la terre & l'eau dans la mixtion saline, qui nous échappe & que nous ne pouvons retenir lorſque nous décompoſons les Sels ; mais au moins reſte-t-il démontré que l'eau & la terre ſont véritablement principes des Subſtances ſalines , & cela nous ſuffit puiſque l'expérience ne nous montre point autre choſe.

LES ACI-   L'eſpéce de Subſtance ſaline la plus
DES.   ſimple eſt celle que l'on nomme Acide, à cauſe de la ſaveur qu'elle a , qui eſt ſemblable à celle du verjus , de l'oſeille , du vinaigre & d'autres matières aigres qu'on appelle auſſi Acides : c'eſt à cette ſaveur qu'on les reconnoît particulièrement. Ils ont encore la propriété de changer en rouge toutes les couleurs bleues & violettes des végétaux , qui ſert à les faire diſtinguer des autres eſpéces de Sels. La forme la plus ordinaire ſous laquelle nous avons les Acides , eſt celle d'une liqueur tranſparente, quoiqu'il ſoit plutôt de leur eſſence d'être ſolides. La raiſon de cela eſt qu'ils ont avec l'eau une ſi grande affinité , que lorſqu'ils n'en contiennent préciſément que ce qui leur eſt néceſſaire pour être Sels ,

& qu'ils font par conféquent fous la forme folide, ils fe faififfent avec ra-pidité de l'eau auffitôt qu'ils peuvent la toucher : & comme l'air eft toujours chargé de vapeurs humides & aqueu-fes, le contact feul de l'air leur fuffit pour les rendre fluides, parcequ'ils fe joignent avec cette humidité ; s'en im-bibent avec avidité, & deviennent flui-des par fon moyen. On dit à caufe de cela qu'ils attirent l'humidité de l'air. On nomme auffi ce changement d'un Sel de l'état folide à celui de fluide par le contact feul de l'air, *diliquium* ou défaillance ; en forte qu'on dit d'un Sel qui de folide devient fluide par ce moyen, qu'il tombe en *deliquium* ou en défaillance. Les Acides ont auffi en général une grande affinité avec les terres : celle à laquelle ils fe joi-gnent le plus facilement eft celle qui eft invitrifiable, & que nous avons nommée terre abforbante. Ainfi lorf-qu'on mêle enfemble une liqueur aci-de avec une de ces terres, comme la craie par exemple, ces deux fubftan-ces fe joignent auffitôt enfemble avec tant d'impétuofité, fur-tout fi la liqueur acide eſt autant déphlegmée, ou contient le moins d'eau qu'il eſt poſſible, que ſur le champ il s'excite un grand bouillonnement accompagné d'une eſpéce de ſifflement aſſés conſidérable, de chaleur & de vapeurs qui s'élévent dans l'inſtant de l'union.

De la combinaiſon d'un Acide avec une terre abſorbante, il réſulte un nouveau compoſé que quelques Chymiſtes ont nommé Sel ſalé, à cauſe que l'Acide a perdu par ſon union avec la terre ſa ſaveur aigre, pour en prendre une qui approche de celle du Sel marin ordinaire dont on ſe ſert dans la cuiſine, différente cependant ſuivant les différentes eſpéces d'Acides & de terres que l'on combine enſemble. L'Acide perd auſſi pour lors ſa propriété de changer en rouge les couleurs bleues & violettes des végétaux.

Voici ce que devient la propriété qu'ils ont de s'unir avec l'eau. La terre qui eſt par elle-même indiſſoluble dans l'eau, acquiert par ſon union avec l'Acide la facilité de s'y diſſoudre; en ſorte que notre Sel ſalé eſt diſſolu-

ble dans l'eau. Mais d'un autre côté LES ACI-
l'Acide , par fon union avec la terre , DES.
perd une partie de l'affinité qu'il avoit
avec l'eau ; en forte que fi on deffé-
che un Sel falé , & qu'on le prive de
fon humidité fuperflue , il refte dans
cet état de déficcation & de folidité ,
au-lieu d'attirer l'humidité de l'air &
de tomber en *deliquium* comme feroit
l'Acide s'il étoit pur & exempt du mélange de la terre. Cette régle n'eft
pourtant pas abfolument générale.
Nous aurons occafion de parler de certaines combinaifons de terres & d'A-
cides qui ne laiffent pas d'attirer encore l'humidité de l'air ; mais toujours moins fortement que les Acides
purs. Les Acides ont auffi une grande
affinité avec le phlogiftique.

Les Alkalis font une combinaifon LES AL-
faline où la terre entre en plus grande KALIS.
proportion que dans les acides. Il y
a plufieurs preuves de cela : la première eft que fi on les traite par les
mêmes voies que nous avons indiquées
pour décompofer les Subftances falines , on en retire effectivement une
beaucoup plus grande quantité de ter-

re que d'acide. La seconde est que par
la combinaison de certains acides avec
certaines terres, on peut former des
Alkalis. La troisiéme enfin, se tire
des propriétés de ces Alkalis, qui
lorsqu'ils sont purs & exempts du
mélange d'aucun autre principe, ont
avec l'eau une moindre affinité que
n'en ont les acides, & sont plus
fixes qu'eux; car ils résistent à la plus
grande violence du feu. On leur a
donné à cause de cela le nom de fixes,
ainsi que pour les distinguer d'une autre espéce d'Alkali, dont nous parlerons dans la suite, qui n'est pas pur
& qui est volatil. Ils attirent l'humidité de l'air lorsqu'ils sont privés de
leur aquosité superflue par la calcination; mais moins fortement que les
acides, en sorte qu'il est plus facile de
les avoir & de les conserver sous la
forme solide. Ils entrent en fusion par
l'action du feu, & peuvent pour lors
s'unir avec la terre vitrifiable, & former avec elle un véritable verre, mais
qui participe de leurs propriétés, lorsqu'on les y fait entrer en proportion
assés grande. Comme ils se fondent

plus facilement que la terre vitrifia- **LES AL-**
ble, ils en facilitent la fusion ; en sorte **KALIS.**
qu'il faut un dégré de feu moins fort
pour réduire le sable en verre lorfqu'on y ajoute un Alkali fixe , que
lorfqu'on veut le faire fondre fans
cette addition. On reconnoît les Alkalis à leur faveur qui eft âcre & bru-
lante , & à la propriété qu'ils ont de
changer en verd certaines couleurs
bleues & violettes des végétaux , fur-
tout le firop violat. Ils ont avec les
acides une affinité plus grande que la
terre abforbante ; de-là il arrive que
fi on préfente un Alkali fixe à une
combinaifon d'acide & de terre abforbante , cette terre eft féparée de l'a-
cide par l'Alkali, & il fe fait une nouvelle union de l'acide & de l'Alkali.
Si on préfente un Alkali pur à un acide pur , ils s'uniffent enfemble avec
violence, & préfentent les mèmes phénoménes que l'union de la terre abforbante avec l'acide , mais plus mar-
qués & plus confidérables

Par cette union , l'acide & l'alkali **LES SELS**
fe font perdre réciproquement leurs **NEUTRES.**
propriétés , en forte que le compofé

Les Sels qui en résulte n'altère point les cou-
neutres. leurs bleues des végétaux, & a une
faveur qui n'est ni aigre, ni âcre, mais
salée. C'est ce qui a fait nommer aussi
ces sortes de combinaisons salines, Sels
salés, Sels moyens, ou Sels neutres,
parcequ'effectivement ils ne sont ni
acides ni alkalis; on les nomme aussi
simplement Sels.

Il faut remarquer qu'afin que ces
Sels soient parfaitement neutres, il
est nécessaire qu'il n'y ait aucun des
deux principes salins qui les composent qui soit surabondant à l'autre,
car pour lors ils auroient les propriétés de ce principe excédent. La
raison de cela est que l'une ou l'autre de ces Substances salines ne peut
se joindre avec l'autre que dans une
certaine proportion, au-delà de laquelle il ne se fait plus d'union. On
a nommé saturation l'action de faire
cette juste combinaison, & point de
saturation, l'instant ou lorsqu'on fait
le mélange des deux Substances salines, l'une se trouve s'être unie avec
l'autre en aussi grande quantité qu'elle
est capable de s'y joindre. La même

chofe a lieu , lorfqu'on combine un
acide avec une terre abforbante.

On reconnoît que la combinaifon
eft parfaite , ou qu'on eft arrivé au
point de faturation , lorfqu'en ver-
fant une liqueur acide par parties
& à plufieurs reprifes fur un alkali
ou fur une terre abforbante, les phénoménes que nous avons dit fe ma-
nifeftet lors de l'union , c'eft-à-dire ,
le bouillonnement, le fifflement, &c.
ceffent de paroître ; & on s'affure
que la faturation eft parfaite , lorfque le nouveau compofé n'a plus de
faveur, ni acide , ni âcre , & qu'il
n'altére en aucune manière les couleurs bleues des végétaux.

Les Sels neutres ont avec l'eau une
affinité moindre que les acides & les
alkalis , par la raifon qu'ils font plus
compofés, & que nous avons dit qu'en
général les affinités des corps les plus
compofés font moindres que celles des
corps les plus fimples. En conféquence,
la plupart des Sels neutres , lorfqu'ils
font defféchés , n'attirent point l'humidité de l'air , & ceux qui l'attirent
le font plus lentement & en moin-

Les Sels dre quantité que les acides & les
neutres. alkalis.

Tous les Sels neutres peuvent se dissoudre dans l'eau ; mais plus ou moins
facilement, ou en plus ou moins grande quantité, suivant l'espéce des principes dont ils sont composés.

Lorsque l'eau est bouillante, elle dissout une plus grande quantité des Sels
qui n'attirent point l'humidité de l'air
que lorsqu'elle est froide, & même il
faut qu'elle soit bouillante pour s'en
charger autant qu'elle en est capable ;
mais pour ceux qui tombent en *deliquium*, la différence s'il y en a est in-
sensible.

Les Sels neutres ont aussi la propriété de se cryſtaliser. Voici en quoi
cela consiste. Lorsqu'un de ces Sels
est dissout dans l'eau, si on fait évaporer cette dissolution jusqu'à un certain point, le Sel acquiert une forme
solide, & se coagule en plusieurs petites masses transparentes qu'on a nommées cryſtaux. Ces cryſtaux ont des
figures régulières, toutes différentes
les unes des autres, suivant l'espéce de
Sel dont ils sont formés. Les diffé-

rentes manières dont on fait évapo- **LES SELS**
rer les diffolutions falines, influent **NEUTRES.**
beaucoup fur la figure & la régula-
rité des cryftaux. Ordinairement on
fait évaporer fur le feu une diffolution
de Sel qu'on veut cryftalifer, jufqu'à
pellicule, c'eft-à-dire, jufqu'à ce que
le Sel commence à fe coaguler, ce
qui paroît par une efpéce de pellicule
terne qui fe forme à la fuperficie de
la liqueur, qui n'eft autre chofe que
les parties mêmes du Sel qui font déja cryftalifées : après quoi on laiffe refroidir la liqueur, & les cryftaux fe
forment plus ou moins vîte fuivant
l'efpéce de fel. Si on continuoit à évaporer la liqueur promptement jufqu'à
ficcité, il ne fe feroit aucune cryftalifation, & on n'obtiendroit qu'une
maffe de Sel informe.

La raifon pour laquelle il ne fe
fait point de cryftalifation, lorfque
l'évaporation fe fait précipitamment,
& jufqu'à ficcité, c'eft premièrement
que les particules de Sel qui font toujours en mouvement tant que la liqueur eft chaude, n'ont pas le tems
de fe dépofer & de s'appliquer les

Les Sels unes aux autres comme il convient.
Neutres. Secondement, c'eſt qu'il entre une
certaine quantité d'eau dans les cryſtaux mêmes, qui y eſt abſolument néceſſaire, & qui eſt plus ou moins
grande ſuivant la nature des Sels. (a)

Si on expoſe au feu les Sels cryſta-
liſés, ils commencent par perdre l'humidité qui eſt ſuperflue à leur mixtion ſaline, & qu'ils n'ont retenue qu'à
la faveur de la cryſtaliſation, après
quoi ils entrent en fuſion les uns plus
facilement, les autres plus difficilement.

Il faut remarquer qu'il y a certains
Sels, ſçavoir ceux qui retiennent une
grande quantité d'eau dans leur cryſtaliſation, qui deviennent fluides auſſitôt qu'ils ſont expoſés au feu. Mais
il faut bien diſtinguer cette fluidité
qu'ils acquiérent d'abord, de la vérita-

(a) Les perſonnes qui feront curieuſes d'a-
voir un plus grand détail au ſujet de la cryſtaliſation des Sels neutres, pourront conſulter
un excellent mémoire qu'a donné là-deſſus
M. Rouelle, habile Chymiſte, de l'Académie
des Sciences, & Démonſtrateur de Chymie au
Jardin du Roi. Ce mémoire eſt imprimé dans
le recueil de ceux de l'Académie, année 1744.

ble fufion ; car elle n'eft due qu'à leur LES SELS
humidité fuperflue qui devient capa- NEUTRES.
ble de les diffoudre , & de les rendre
fluides par la chaleur : en forte que
lorfqu'elle eft évaporée, le Sel ceffe
d'être fluide , & exige un dégré de
feu beaucoup plus confidérable pour
entrer véritablement en fufion.

Tous les Sels neutres qui font
compofés d'un acide joint à un alkali
fixe, ou à une terre abforbante , font
fixes & réfiftent à la violence du feu ;
mais il y en a plufieurs qui lorfqu'ils
font diffous dans l'eau , & que l'on
fait bouillir & évaporer cette eau qui
les tient en diffolution , ne laiffent pas
de s'évaporer avec l'eau.

CHAPITRE IV.

Des différentes espéces de Substances salines.

L'ACIDE UNIVERSEL.

L'Acide universel est ainsi nommé, parcequ'effectivement c'est celui qui est le plus universellement répandu dans la nature : on le trouve dans les eaux, dans l'atmosphère, & dans les entrailles de la terre. Mais il est rare qu'il soit pur ; il est presque toujours combiné avec quelqu'autre substance. Celle de laquelle on le retire le plus facilement, & en plus grande quantité est le vitriol, qui est un minéral dont nous parlerons dans la suite ; c'est ce qui lui a fait donner aussi le nom d'Acide vitriolique, sous lequel même il est plus connu.

HUILE DE VITRIOL.

Lorsque l'Acide vitriolique contient peu de phlegme, mais qu'il en a cependant assés pour être sous la forme fluide, on le nomme Huile de vitriol, à cause qu'il a une certaine onctuosité. A la vérité, c'est fort improprement qu'on lui a donné ce nom ; car nous *L'ACIDE UNIVER-SEL.* verrons dans la fuite que fi on excepte l'onctuofité , il n'a aucune des pro-priétés des huiles. Mais ce n'eft pas le feul nom impropre que nous aurons occafion de faire remarquer.

Si l'Acide vitriolique contient *ESPRIT DE VITRIOL.* beaucoup d'eau, il s'appelle Efprit de vitriol. Lorfqu'il n'en contient point affés pour être fluide , & qu'il eft fous la forme folide, on le nom-me Huile de vitriol glaciale.

Quand on mêle de l'Huile de vitriol bien concentrée, avec de l'eau, elle s'y unit avec une fi grande activité , qu'il fe fait dans l'inftant du contact des deux liqueurs un fifflement femblable à celui d'un fer rouge qu'on plonge dans l'eau ; & il s'excite une chaleur très-confidérable , proportionnée au dégré de concentration de l'Acide.

L'Acide vitriolique combiné juf-qu'au point de faturation , avec une terre abforbante analogue à la craie , ou à une terre bolaire qui a éprouvé l'action du feu , forme un Sel neu-tre qui fe cryftalife. Ce Sel fe nomme Alun.

Il y a plufieurs efpéces d'Alun, qui différent par les terres qui font jointes avec l'Acide vitriolique. L'Alun fe diffout facilement dans l'eau. Il retient en fe cryftalifant une affés grande quantité d'eau, c'eft ce qui fait que lorfqu'on l'expofe au feu, il devient aifément fluide ; il fe gonfle & fe bourfoufle à mefure que fon humidité fuperflue s'évapore. Lorfqu'elle eft diffipée, ce qui refte fe nomme Alun calciné, & eft de très-difficile fufion. Une partie de l'acide de l'Alun fe diffipe quand on le fait ainfi calciner. La faveur de l'Alun eft falée, tirant fur l'âpre & l'aftringent.

Cet acide combiné avec certaines terres, forme une efpéce de Sel neutre qu'on a nommé Sélénitte, qui fe cryftalife diverfement fuivant l'efpéce de terre. Il y a une infinité d'eaux de fources qui tiennent de la Sélénitte en diffolution. Mais lorfqu'une fois cette Sélénitte eft cryftalifée, il eft très-difficile de la rediffoudre dans l'eau. Il faut pour cela une quantité d'eau très-confidérable,

encore

encore est-il nécessaire qu'elle soit bouillante ; car à mesure qu'elle se refroidit, la plus grande partie de la Sélénitte dissoute redevient solide, & se précipite en forme de poudre au fond de la liqueur.

Si on présente un Alkali à la Sélénitte ou à l'Alun, suivant les principes que nous avons établis, ces Sels doivent se décomposer ; c'est-à-dire, que les terres seront séparées de l'Acide, qui les quittera pour se joindre avec l'Alkali avec lequel il a une plus grande affinité. Et de cette union de l'Acide vitriolique avec l'Alkali fixe, il résulte une autre espéce de Sel neutre qu'on a nommé, Double arcane, Sel des deux, & Tartre vitriolé, parcequ'un des Alkalis fixes des plus en usage se nomme Sel de Tartre.

Le Tartre vitriolé est presqu'aussi difficile à dissoudre dans l'eau que la Sélénitte. Il se crystalise en figures octahedres dont les pointes des piramides sont assés obtuses. Sa saveur est salée, tirant sur l'amer. Il faut un dégré de feu très-fort pour le mettre en fusion. Si on laisse un Alkali fixe exposé à l'air

D

L'ACIDE
UNIVER-
SEL.

pendant un certain tems, on y trouve des cryſtaux de Tartre vitriolé ; ce qui prouve qu'il y a de l'Acide vitriolique dans l'air.

L'Acide vitriolique peut s'unir avec le phlogiſtique ; il a même avec lui une affinité plus grande qu'avec tout autre corps : d'où il ſuit, que toutes les combinaiſons dans leſquelles il entrepeuvent être décompoſées par le phlogiſtique.

LE
SOUFRE.

De l'union de l'Acide vitriolique & du phlogiſtique, il réſulte un compoſé qu'on nomme Soufre minéral, à cauſe qu'on en trouve de tout formé dans les entrailles de la terre : on le nomme auſſi Soufre vif, Soufre brulant, Soufre commun, ou ſimplement Soufre.

Le Soufre eſt abſolument indiſſoluble dans l'eau, & ne peut contracter avec elle aucune ſorte d'union. Il ſe fond à un dégré de feu très-modéré, & ſe ſublime en petits floccons qu'on nomme Fleurs de Soufre. Il n'éprouve dans cette ſublimation, quelque nombre de fois qu'on la réitère, nulle décompoſition ; enſorte que le Soufre

fublimé ou les Fleurs de Soufre, ont
abfolument les mêmes propriétés que
le Soufre qui n'a pas été fublimé.

Si on expofe le Soufre à un dégré de
feu un peu vif & à l'air libre, il s'enflamme, brule & fe confume entièrement. Cette déflagration du Soufre eft
le feul moyen qu'on ait de le décompofer ; le phlogiftique eft détruit par
la combuftion, & l'acide s'exhale en
vapeurs. Ces vapeurs raffemblées ont
toutes les propriétés de l'Acide vitriolique, & n'en différent aucunément.

Il faut remarquer que lorfque le
Soufre brule, fur-tout lorfqu'il brule
peu à peu & lentement, les vapeurs
qui s'exhalent ont une odeur fi pénétrante, qu'elles font capables de fuffo-
quer fur le champ ceux qui en refpire-
roient une certaine quantité : on nomme ces vapeurs, Efprit fulphureux volatil. Cet effet eft produit parcequ'il
refte encore une partie du phlogiftique
combinée avec l'acide qui s'évapore.
Mais il y a lieu de croire que cette
partie du phlogiftique refte combinée
avec l'acide, d'une manière différente
de celle dont il y eft joint dans le Sou-

fre même : car, comme nous venons de
le voir, il n'y a que la combustion qui
puisse séparer l'Acide vitriolique & le
phlogistique qui sont unis ensemble
pour former le Soufre; au lieu que l'Esprit sulphureux volatil se décompose
de lui-même, lorsqu'il est exposé à
l'air libre ; c'est-à-dire, que le phlogistique se dissipe & quitte l'acide,
qui pour lors redevient absolument
semblable à l'Acide vitriolique.

Ce qui prouve que l'Esprit sulphureux volatil est composé comme nous
l'avons dit, c'est que toutes les fois
que l'Acide vitriolique touche à quelque substance qui contient du phlogistique, pourvu que ce phlogistique
soit développé jusqu'à un certain point,
il ne manque pas de se produire sur le
champ de notre Esprit sulphureux. Cet
Esprit a toutes les propriétés des Acides, mais beaucoup affoiblies, & moins
marquées par conséquent. Il peut se
joindre avec les terres absorbantes &
les Alkalis fixes, & former des Sels
neutres avec ces substances; mais lorsqu'il est combiné avec elles, il peut
en être séparé par l'Acide vitriolique,

& même par tous les autres Acides ,
parceque fes affinités font moindres.

Si on fait fondre enfemble parties
égales de Soufre & d'Alkali fixe, ils fe
joignent l'un à l'autre; & de leur union
réfulte un compofé qui a une odeur
fort défagréable, qui approche de celle
des œufs pourris , & une couleur rouge
à peu près femblable à celle du foie
d'un animal ; ce qui lui a fait donner
le nom de Foie de Soufre.

Dans cette combinaifon, l'Alkali fixe
communique au Soufre la propriété de
fe diffoudre dans l'eau : de-là vient
que la mixtion du Foie de Soufre peut
fe faire auffi-bien lorfque l'Alkali eft
réfout en liqueur par le moyen de l'eau,
que lorfqu'il eft en fufion par le moyen
du feu.

Le Soufre a avec les Alkalis fixes un
rapport moindre qu'aucun Acide:donc
le Foie de Soufre peut être décompofé
par un Acide quelconque , qui s'unira
avec l'Alkali fixe, formera avec lui un
Sel neutre , & en féparera le Soufre. Si
le Foie de Soufre eft diffout dans l'eau,
& qu'on y verfe un Acide, fur le champ
la liqueur qui étoit tranfparente de-

LE SOUFRE. vient d'un blanc opaque ; parceque le Soufre qui cesse d'être uni avec l'Alkali, perd aussi la propriété d'être dissoluble dans l'eau, & reparoit sous sa forme opaque. La liqueur ainsi blanchie par le Soufre se nomme Lait de Soufre.

MAGISTER DE SOUFRE Si on la laisse reposer pendant quelque‑tems, les petites parties de Soufre qui sont extrêmement divisées se rapprochent peu-à-peu les unes des autres, tombent & se déposent insensiblement au fond du vase ; la liqueur pour lors reprend sa transparence. Ce Soufre qui est ainsi tombé au fond de la liqueur, s'appelle Magister ou Précipité de Soufre. On donne aussi ces noms de Magister & de Précipité à toutes les substances qui sont séparées d'une autre par cette méthode ; ce qui fait qu'on se sert aussi du terme de précipiter une substance par une autre, pour signifier qu'on les sépare l'une par l'autre.

L'ACIDE NITREUX On ne sçait pas certainement en quoi l'Acide nitreux diffère de l'Acide vitriolique par rapport aux principes dont il est composé. L'opinion la plus vraisemblable là-dessus, est que l'Acide nitreux n'est autre chose que l'Acide vitriolique lui-même, combiné avec une certaine quantité de phlogistique par le moyen de la putréfaction. Si la chose est ainsi, il faut que cette combinaison du phlogistique & de l'Acide universel soit différente de celle du Soufre & de l'Esprit sulphureux volatil ; car l'Acide nitreux diffère de l'un & de l'autre par ses propriétés. Ce qui a donné lieu à ce sentiment, c'est que cet Acide ne se trouve que dans les terres & dans les pierres qui ont été imprégnées de quelques substances sujettes à la putréfaction, & par conséquent qui contiennent du phlogistique. Car il est nécessaire que nous disions ici, quoique ce ne soit pas encore le tems d'en parler, qu'il n'y a aucune sorte de matière susceptible de pourriture qui ne contienne réellement du phlogistique. L'Acide nitreux, combiné avec certaines terres absorbantes, comme la craie, le gipse, le bol, &c. forme des cristaux qui ont des figures rhomboidales irrégulières ; & avec d'autres, comme le limon, il forme un de ces Sels neutres qui ne se crystalisent point, & qui, lorsqu'ils sont desséchés, tombent en *deliquium* à l'air.

Tous ces Sels neutres, composés de l'Acide nitreux joint à une terre, peuvent être décomposés par un Alkali fixe avec lequel l'Acide s'unir en quittant les terres : & de cette union de l'Acide nitreux avec un Alkali fixe, il résulte un nouveau Sel neutre qu'on a nommé Nitre ou Salpêtre, ce qui veut dire Sel de pierre ; parcequ'effectivement on retire le Nitre des pierres & des platras dans lesquels il s'est formé, en les faisant bouillir dans de l'eau chargée d'un Alkali fixe.

Le Nitre se crystalise en longues aiguilles qui s'appliquent les unes sur les autres : il a une saveur salée qui excite une impression de froid sur la langue.

Ce Sel se dissout facilement dans l'eau, & lorsqu'elle est bouillante, il s'y dissout en plus grande quantité.

Il entre en fusion à un dégré de feu assés modéré.

La propriété la plus remarquable du Nitre, & celle qui le caractérise, est sa fulmination ou détonnation. Voici en quoi

quoi cela confiste. Toutes les fois que
le Nitre touche à une subftance qui
contient du phlogiftique dans le mouvement igné, c'eft-à-dire, actuellement allumé, il s'enflamme, brule, &
fe décompofe avec un grand bruit.
Dans cette déflagration l'Acide fe diffipe, & eft féparé abfolument de l'Alkali
qui refte tout feul. Cet Alkali, qui eft
le réfidu du Nitre décompofé par la
détonnation, fe nomme en général
Nitre fixé, & nitre fixé par telle & telle
fubftance, fuivant celle qu'on a employée à cette opération.

Jufqu'à préfent les Chymiftes n'ont
pas expliqué pourquoi le Nitre s'enflamme & fe décompofe ainfi lorfqu'on
lui préfente du phlogiftique. Pour moi
je conjecture que c'eft par la même raifon que le tartre vitriolé fe décompofe
auffi par l'addition du phlogiftique;
c'eft-à-dire, que l'Acide nitreux a une
plus grande affinité avec ce même phlogiftique qu'il n'en a avec l'Alkali fixe,
d'où il fuit qu'il doit quitter cet Alkali
pour s'y joindre & former avec lui une
efpéce de Soufre, mais qui apparemment différe du Soufre commun for-

mé avec l'Acide vitriolique, en ce qu'il
est si combuftible qu'il s'enflamme &
se détruit dans le moment même qu'il
est produit ; enforte qu'il est impoffible de l'empêcher de fe confumer
ainfi , & par conféquent de le retenir.

Ce qui prouve ce fentiment , c'est
que le concours du phlogiftique est abfolument néceffaire pour opérer cette
déflagration, & que la matière du feu
pure est entiérement incapable de la
produire ; enforte que le Nitre, quelque violent que foit le dégré de chaleur auquel on l'expofe , même au
foyer du plus fort verre ardent , jamais
ne s'enflammera , à moins qu'il ne touche du phlogiftique proprement dit ;
c'eft-à-dire , la matière du feu devenue principe des corps & combinée
avec quelque fubftance. -

Cette expérience est une de celles
qui fervent à faire connoître la différence qu'il faut mettre entre le feu pur
& élémentaire , & le feu devenu principe que nous avons nommé phlogiftique.

L'affinité qu'a l'Acide nitreux avec
les terres & les Alkalis, est moindre

que celle qu'a l'Acide vitriolique avec ces mêmes substances : d'où il suit que l'Acide vitriolique décompose les Sels neutres formés de l'Acide nitreux, combiné avec une terre ou un Alkali. L'Acide vitriolique sépare pour lors l'acide nitreux , s'unit avec la substance qui lui servoit de base , & forme avec elle suivant sa nature , des Sels alumineux, sélénitiques , ou du Tartre vitriolé.

L'Acide nitreux ainsi séparé de sa base par l'Acide vitriolique, se nomme Esprit de nitre, ou Eau forte. S'il est déphlegmé , ou qu'il contienne peu d'humidité superflue, il s'exhale en vapeurs rougeâtres, qui étant condensées & rassemblées forment une liqueur d'un jaune rouge qui envoye continuellement des vapeurs de la même couleur & d'une odeur pénétrante & désagréable , ce qui fait qu'on lui donne le nom d'Esprit de nitre fumant ou d'Eau forte citrine. On voit par cette propriété qu'a l'Acide nitreux de s'exhaler ainsi en vapeurs, qu'il est moins fixe que l'Acide vitriolique ; car celui-ci, quelque déflegmé qu'il soit , ne donne jamais de vapeurs & n'a même aucune odeur.

L'ACIDE
NITREUX

ESPRIT
DE NITRE,
EAU-FORTE.

E ij

L'Acide du Sel marin eſt ainſi nommé, parcequ'on le retire effectivement
du Sel marin dont on ſe ſert dans la
cuiſine. On ne ſçait point au juſte en
quoi cet Acide diffère du vitriolique &
du nitreux, par rapport à ſa compoſition. L'opinion de pluſieurs des plus
habiles Chymiſtes, tels que Becker &
Stahl, eſt que l'Acide marin n'eſt que
l'Acide univerſel joint avec un principe
particulier qu'ils ont nommé terre
mercurielle, dont nous aurons occaſion de parler lorſqu'il s'agira des ſubſtances métalliques. Mais bien loin que
la vérité de ce ſentiment ſoit prouvée
par un nombre ſuffiſant d'expériences, l'exiſtence de cette terre mercurielle n'eſt pas encore elle-même bien
établie. Mais pour nous en tenir à
ce que nous connoiſſons certainement
là-deſſus, voici les propriétés qui carac-
tériſent l'Acide dont il eſt actuellement
queſtion, & par leſquelles il diffère des
deux autres dont nous avons déja
parlé.

Lorſqu'il eſt combiné avec les terres
abſorbantes comme la chaux & la craie,
il forme un Sel neutre qui ne ſe cryſ-

talife point, & qui attire l'humidité de
l'air après avoir été defféché. En ne
faoulant point entièrement la terre abforbante avec l'Acide marin, il fe forme un Sel qui a les propriétés de l'Alkali fixe ; c'eft ce qui nous a fait dire
lorfqu'il étoit queftion de ces Sels,
qu'on pouvoit en compofer de pareils
par le moyen d'un acide & d'une terre.
L'Acide du Sel marin a comme les autres une moindre affinité avec les terres
qu'avec les Alkalis fixes.

Lorfqu'il eft combiné avec ceux-ci,
il forme un Sel neutre qui fe cryftalife
en cubes. Ce fel s'humecte un peu à
l'air, & il eft par conféquent de ceux
dont l'eau ne diffout point une plus
grande quantité, du moins fenfiblement, lorfqu'elle eft bouillante que
lorfqu'elle eft froide.

L'Affinité de cet acide avec les alkalis & les terres abforbantes, eft
moindre que celle de l'Acide vitriolique & de l'Acide nitreux avec les mêmes fubftances : d'où il fuit que lorfqu'il eft combiné avec elles, il peut en
être féparé par l'un ou l'autre de ces
Acides.

L'ACIDE
DU SEL
MARIN.

E iij

L'Acide
du Sel
marin.

Esprit de
Sel.

L'Acide du Sel marin, ainsi dégagé des subſtances qui lui ſervoient de baſes, ſe nomme Eſprit de Sel. Lorſqu'il contient peu de phlegme il a une couleur d'un jaune citron, & il envoye continuellement une grande quantité de vapeurs blanches fort épaiſſes ; ce qui fait qu'on le nomme Eſprit de ſel fumant : ſon odeur eſt aſſés agréable & approche de celle du ſaffran.

Le Phos-
phore.

L'Acide du Sel marin paroît avoir, comme les deux autres, plus d'affinité avec le phlogiſtique qu'avec les Alkalis fixes. Ce qui prouve cette vérité, eſt une opération très-curieuſe, par laquelle on décompoſe le Sel marin en le traitant comme il convient avec une matière qui contient du phlogiſtique.

Il réſulte de la combinaiſon de l'Acide du Sel marin avec le phlogiſtique, une eſpéce de ſoufre qui diffère beaucoup du ſoufre commun ; mais particulièrement en ce qu'il a la propriété de s'enflammer tout ſeul lorſqu'il eſt expoſé à l'air libre. Cette combinaiſon ſe nomme Phoſphore d'Angleterre, Phoſphore d'urine, parcequ'on employe ordinairement l'urine pour le faire,

ou simplement Phosphore. Cette combinaison de l'Acide marin avec le
phlogistique ne se fait pas aisément, &
demande une manœuvre difficile & des
vaisseaux particuliers. Cela est cause
qu'elle ne réussit pas toujours, & que
le Phosphore est rare & cher : ce qui
a empêché que jusqu'à présent on ait
pu le soumettre aux expériences convenables pour reconnoître toutes ses propriétés. Lorsque le Phosphore se consume, on peut en retirer une petite
quantité d'une liqueur acide qui est
de l'esprit de sel.

On peut juger par ce que nous avons
dit de l'union de l'Acide du Sel marin,
avec un Alkali fixe & du Sel neutre qui
en résulte, que le Sel commun dont
on se sert dans la cuisine n'est autre
chose que ce même Sel neutre. Mais
il faut observer que l'Alkali fixe, qui
est la base naturelle du Sel commun tel
qu'on le retire des eaux de la mer, est
d'une nature différente des autres Alkalis fixes en général, & qu'il a des
propriétés qui lui sont particulières.
Voici quelles sont ces propriétés ;

1°. La base du Sel marin diffère des

E iv

LA BASE
DU SEL
MARIN.

autres Alkalis fixes, en ce qu’elle se
cryſtaliſe comme les Sels neutres.

2°. Elle ne s’humecte point à l’air, au
contraire lorſqu’elle y eſt expoſée elle
perd une partie de l’eau qui étoit en-
trée dans ſa cryſtaliſation : ce qui fait
que ſes cryſtaux perdent leur transparence, deviennent comme farineux, &
tombent en effloreſcence.

LE SEL DE
GLAUBER.

3°. Lorſqu’elle eſt combinée avec
l’Acide vitriolique juſqu’au point de
ſaturation, elle forme avec lui un Sel
neutre différent du tartre vitriolé,
premièrement, par la figure de ſes cryſtaux, qui ſont des ſolides allongés &
à ſix faces : ſecondement, par la quantité d’eau que ces cryſtaux retiennent
en ſe cryſtaliſant, beaucoup plus conſidérable que celle des cryſtaux du tartre vitriolé ; d’où il ſuit que ce Sel
neutre eſt auſſi plus facilement diſſoluble dans l’eau que le tartre vitriolé :
troiſiémement, parceque ce Sel entre
en fuſion à un dégré de feu fort modéré, au-lieu que le tartre vitriolé en
exige un des plus violens.

On ſent aiſément que ſi on ſépare
l’Acide du Sel marin de ſa baſe, par le

moyen de l'Acide vitriolique , lorſque
l'opération eſt faite, on doit avoir ce Sel
pour réſultat. C'eſt un fameux Chymiſte
nommé Glauber , qui après avoir ainſi
extrait l'eſprit de Sel, eſt le premier qui
ait examiné ce Sel neutre réſultant de
ſon opération. Et comme il lui a trouvé des propriétés fort ſingulières , il
lui a donné le nom de Sel admirable ,
qui lui eſt reſté : ce qui fait qu'on
le nomme encore , Sel admirable de
Glauber , ou ſimplement , Sel de Glauber.

4°. Lorſque la baſe du Sel marin
eſt combinée avec l'Acide nitreux juſqu'au point de ſaturation , il en réſulte un Sel neutre ou eſpéce de Nitre,
qui diffère du Nitre ordinaire ; premièrement , en ce qu'il attire aſſés fort
l'humidité de l'air , ce qui fait qu'il
ſe cryſtaliſe difficilement : & en ſecond
lieu , par la figure de ſes cryſtaux , qui
ſont des priſmes à quatre angles , ou
des parallélébipédes , ce qui lui a fait
donner le nom de Nitre quarré ou quadrangulaire.

Le Sel commun , ou le Sel neutre,
formé par la combinaiſon de l'Acide

du Sel marin avec cette eſpéce particulière d'Alkali fixe, a une ſaveur connue de tout le monde. La figure de ſes
cryſtaux eſt exactement cubique. Il
s'humecte à l'air, & lorſqu'on l'expoſe
au feu, il commence, avant d'entrer en
fuſion, à ſe fendre en une grande
quantité de petits fragmens, avec
bruit & pétillement : on a nommé
cela, décrépitation du Sel marin.

Le Sel neutre, dont nous avons déja
parlé, formé par la combinaiſon de
l'Acide marin avec un Alkali fixe ordinaire, qu'on nomme Sel fébrifuge de
Sylvius, a auſſi cette propriété.

Il nous reſteroit encore pour achever ce que nous avons à dire ſur les
différentes eſpéces de Subſtances ſalines, à parler des Acides tirés des végétaux & des animaux, & des Alkalis
volatils ; mais comme ces Subſtances
ſalines ne ſont que celles dont nous
venons de parler, différemment alté-
rées par l'union qu'elles ont contractée
avec pluſieurs principes des végétaux
& des animaux dont nous n'avons
encore rien dit ; il eſt à propos de re-
mettre à en parler lorſque nous au-

rons traité de ces mêmes principes.

On nous apporte des Indes une matière saline qui entre facilement en fusion, & prend la forme de verre. Elle est d'un grand usage pour faciliter la fusion des substances métalliques ; elle est connue sous le nom de Borax. Elle a quelques-unes des propriétés des Alkalis fixes ; ce qui la fait regarder par quelques Chymistes comme un Alkali fixe pur : mais mal-à-propos.

M. Homberg, Docteur en Médecine , & Membre de l'Académie des Sciences, a retiré du Borax, en y mêlant de l'Acide vitriolique, un Sel qui se sublime à un certain dégré de chaleur , à mesure que le mélange se fait. Ce sel a des propriétés très-singulières ; sa nature ne nous est pas encore bien connue. Il se dissout très-difficilement dans l'eau ; il n'est pas volatil , quoiqu'il se sublime lorsqu'on le retire du Borax. Car quand il est une fois fait , il résiste à la plus grande violence du feu, entre en fusion , & se vitrifie comme le Borax même. M. Homberg lui a donné le nom de Sel sédatif, à cause de la vertu qu'il a en médecine. Depuis M. Homberg, on s'eſt apperçu qu'on pouvoit faire du Sel ſédatif avec les Acides nitreux & marin, & qu'il n'étoit pas néceſſaire de le ſublimer pour le retirer du Borax, mais qu'on l'obtenoit par la cryſtaliſation. C'eſt à M. Geoffroi, de l'Académie des Sciences, que nous ſommes redevables de cette dernière découverte, & M. Lémery, Docteur en Médecine & Membre de la même Académie, eſt l'auteur de la première.

Depuis ces Meſſieurs, M. Baron d'Hénouville, Docteur en Médecine & très-habile Chymiſte, a fait voir qu'on pouvoit retirer le Sel ſédatif avec les Acides végétaux, & vient de démontrer dans d'excellens mémoires, lus à l'Académie des Sciences, & imprimés dans le recueil de ceux des correſpondans de cette Académie, que le Sel ſédatif exiſte en entier dans le Borax, & qu'il n'eſt pas le produit du mélange des Acides avec cette ſubſtance ſaline, comme on l'avoit cru juſqu'à-préſent. La preuve convaincante qu'il en apporte, eſt l'analyſe qu'il fait du Borax, de laquelle il réfulte qu'il n'eft autre chofe que le Sel fédatif même, uni avec l'Al-kali fixe qui fert de bafe au Sel marin, & la régénération qu'il fait de ce même Borax, en uniffant enfemble cet Alkali avec le Sel fédatif. Preuve la plus com-plette qu'on puiffe avoir en Phyfique, & qui équivaut à une démonftration.

LE BORAX.

CHAPITRE V.

De la Chaux.

ON donne affés généralement le nom de Chaux à toutes les fub-ftances qui ont éprouvé l'action du feu jufqu'à un certain dégré, fans en-trer en fufion. Ce font principale-ment les fubftances pierreufes & mé-talliques, qui ont la propriété de fe convertir en Chaux. Nous parlerons ci-après des Chaux métalliques ; il s'a-git dans ce chapitre des Chaux pier-reufes.

LA CHAUX.

Nous avons déja dit en parlant de la terre en général, qu'elle peut fe di-vifer principalement en deux efpéces,

dont l'une entre promptement en fusion lorsqu'elle éprouve l'action du
feu & se vitrifie ; c'est celle qu'on
nomme pour cette raison terre vitrifiable : & l'autre qui résiste à l'action
du feu la plus violente , & qui porte
le nom de terre calcinable.

Les différentes espéces de pierres
n'étant elles mêmes que des composés
de terre , ont la même propriété que
la terre dont elles sont composées ,
& peuvent se diviser de même en
pierres fusibles , ou vitrifiables , &
pierres non fusibles ou calcinables.
Les pierres fusibles sont désignées assés
généralement sous le nom de cailloux ;
& les pierres calcinables , sont les
différentes espéces de marbres , les
pierres crétacées , celles qu'on nomme communément pierres de taille ,
dont quelques - unes , sçavoir celles
dont on fait la meilleure Chaux , portent par excellence le nom de pierres
à chaux. Les coquilles des poissons de
mer , & les pierres où se trouvent en
abondance des coquillages fossiles ,
peuvent aussi se convertir en Chaux.

Toutes ces substances , après avoir

éprouvé , plus ou moins long-tems
fuivant leur nature , une violente action du feu , font ce qu'on appelle
calcinées. Elles perdent par la calcination une partie confidérable de leur
poids , acquiérent une couleur blanche , & deviennent friables ; même
celles qui avant la calcination étoient
les plus folides , comme par exemple
les marbres les plus durs. Ces matières ainfi calcinées portent le nom de
Chaux-vive.

L'eau pénétre la Chaux-vive, & fe
joint à elle avec une activité prodi-
gieufe. Si on plonge dans l'eau un
morceau de Chaux nouvellement calcinée , elle excite en y entrant , un
bruit , un bouillonnement , une fumée prefqu'auffi confidérables , que fi
c'étoit un fer rouge qu'on y eût plon-
gé , & une fi grande chaleur , que
quand la Chaux & l'eau font dans
des proportions convenables , elle eft
capable de mettre le feu à des corps
combuftibles , comme cela eft arrivé
à des batteaux chargés de Chaux ,
dans lefquels il étoit entré par mal-
heur une certaine quantité d'eau.

LA
CHAUX.

CHAUX
ETEINTE.

A peine la Chaux est-elle dans l'eau, qu'elle se gonfle, se divise en une infinité de petites parties; en un mot, elle est en quelque sorte dissoute par l'eau, qui forme avec elle une espéce de pâte blanche qu'on nomme Chaux éteinte.

LAIT DE
CHAUX.

Si la quantité d'eau est assés considérable pour que la Chaux forme avec elle une liqueur blanche, cette liqueur prend le nom de Lait de Chaux.

CRESME
DE CHAUX.

Le Lait de Chaux laissé en repos pendant un certain tems, s'éclaircit, devient transparent, & la Chaux qu'il tenoit suspendue, & qui lui causoit son opacité, se précipite au fond du vaisseau dans lequel il est contenu. Il se forme pour lors à la surface de la liqueur, une pellicule crystalline, un peu terne & opaque, qui se reproduit à mesure qu'on l'enléve: cette matière porte le nom de Crême de Chaux.

La Chaux éteinte se desséche peu-à-peu, & prend la forme d'une matière solide, mais fendue en divers endroits, & qui n'a point de dureté.

Il

Il n'en est pas de même, si lorsqu'elle est encore en pâte , on la mêle
avec une certaine quantité d'une matière pierreuse non calcinée , comme
du sable , par exemple : elle prend
pour lors le nom de Mortier , & acquiert en séchant & vieillissant , une
dureté comparable à celle des meilleures pierres. Ce phénomène est des
plus singuliers , des plus difficiles à
expliquer , & en même-tems des plus
utiles. Tout le monde connoît l'usage
du mortier dans les bâtimens.

La Chaux vive attire l'humidité
de l'air , de même que les acides concentrés & les alkalis fixes desséchés ;
mais non pas en assés grande quantité
pour se réduire en liqueur : elle se
divise seulement en parties extrêmement fines , prend la forme d'une
poudre , & le nom de Chaux éteinte
à l'air.

La Chaux qui a été une fois éteinte, quelque séche qu'elle paroisse ensuite , retient toujours une grande
quantité de l'eau dont elle s'étoit
chargée , & a besoin d'une calcination des plus violentes pour en être

LA
CHAUX. privée. Etant ainſi recalcinée , elle
redevient Chaux-vive , & recouvre
toutes ſes propriétés.

Outre cette grande affinité de la
Chaux avec l'eau , qui marque un caractère ſalin , elle a encore pluſieurs
autres propriétés ſalines dont nous
parlerons dans la ſuite , qui reſſemblent beaucoup à celles des alkalis fixes. Elle joue dans la Chymie preſque
le même rôle que ces ſels : c'eſt ce qui
a fait croire à pluſieurs Chymiſtes
que la Chaux contient un véritable
ſel , auquel on doit rapporter tout ce
qu'elle a de commun avec les ſels.

LE SEL DE
LA CHAUX. Mais comme on a long-tems né-
gligé d'examiner chymiquement cette
matière , l'exiſtence d'une ſubſtance
ſaline dans la Chaux a été auſſi long-
tems douteuſe. M. du Fay , de l'Académie royale des Sciences , qui a fait
de fort-belles expériences chymiques,
eſt un des premiers qui ait retiré un
ſel de la Chaux , en la leſſivant dans
beaucoup d'eau qu'il faiſoit enſuite
évaporer. Mais ce ſel étoit en très-petite quantité ; il n'étoit pas même de
nature alkaline , comme il paroît qu'il

auroit dû être, eu égard aux proprié-
tés de la Chaux. M. du Fay n'a pas
pouſſé plus loin ſes expériences ſur
cette matière, vrai-ſemblablement
parceque le tems lui a manqué, & il
n'a pas déterminé de quelle nature
étoit ce ſel.

M. Malouin, Docteur en Méde-
cine de la Faculté de Paris, Membre
de l'Académie des Sciences, & très-
habile Chymiſte, a été curieux d'exa-
miner la nature de ce ſel de la Chaux.
Il a d'abord reconnu que ce n'étoit
autre choſe que ce que nous avons
nommé crème de Chaux. Il eſt par-
venu en mêlant un Sel alkali fixe avec
de l'eau de Chaux, à former un tar-
tre vitriolé : en y mêlant un Alkali
ſemblable à la baſe du Sel marin, il a
eu du ſel de Glauber : enfin, en com-
binant la Chaux avec une matière
abondante en phlogiſtique, il a formé
de véritable ſoufre. Ces expériences,
qui ſont très - ingénieuſes, prouvent
démonſtrativement que l'acide vitrio-
lique eſt celui du ſel de la Chaux :
car comme nous avons vu, il n'y a
que cet acide qui ſoit capable de for-

Lᴀ
Cʜᴀᴜx.

F ij

La Chaux. mer ces combinaisons. D'un autre côté, M. Malouin après avoir séparé l'acide vitriolique de la base avec laquelle il étoit joint, en l'obligeant de la quitter pour se joindre au phlogistique, s'est assuré que cette base étoit terreuse & analogue à celle de la sélénitte ; d'où il a conclu que le sel de la Chaux est un véritable sel neutre, de la nature de la sélénitte. M. Malouin annonce dans son mémoire, qu'il a trouvé encore dans la Chaux différens autres sels. Mais comme aucun de ces sels n'est un alkali fixe, & que les propriétés salines de la Chaux se rapportent toutes à celles de cette espéce de sel, il y a tout lieu de croire que tous ces sels sont étrangers à la Chaux, & qu'ils ne se trouvent joints avec elle qu'accidentellement.

J'ai fait aussi plusieurs expériences pour acquérir quelques lumières sur la nature saline de la Chaux. J'en vais rapporter le résultat, le plus sommairement qu'il me sera possible. J'ai imprégné avec différentes substances acides, alkalines & neutres, différentes pierres, dont les unes par la

calcination se convertissoient en très-
bonne Chaux , & les autres ne de-
venoient qu'une Chaux très - foible.
Toutes ces pierres ont été exposées à
un même dégré de feu , assés fort &
assés long-tems continué pour convertir en très - bonne Chaux les pierres
les plus difficiles à calciner : & il s'est
trouvé qu'après cette calcination ,
non-seulement les pierres qui ne deve-
noient naturellement qu'une Chaux
foible , n'avoient point été conver-
ties en une Chaux plus active ; mais
encore qu'aucune de ces pierres , même celles qui naturellement étoient
propres à faire la Chaux la plus active , n'avoient acquis les propriétés de
Chaux. J'ai varié ces expériences de
toutes les manières , en employant
différentes doses de matières salines ,
& presque tous les dégrés possibles
de calcination. J'ai observé constam-
ment , qu'après la calcination , toutes
ces pierres s'éloignoient d'autant plus
de l'état de Chaux , qu'elles avoient
été combinées avec de plus grandes
doses de Sels. J'en ai même observé
quelques - unes [c'étoient celles qui

étoient les plus chargées de fel, &
qui avoient éprouvé la plus grande
action du feu] qui étoient entré en
fufion, & qui étoient comme vitrifiées. Or comme l'état de verre &
celui de Chaux font incompatibles
dans le même fujet & dans le même
tems ; qu'une matière ne peut s'appro-
cher de l'un , qu'à proportion qu'elle s'éloigne de l'autre ; & que les Sels
en général difpofent à la fufion & à
la vitrification les matières qui en
font les plus éloignées ; j'ai conclu
de mes expériences , que c'étoit en
fervant de fondant à mes pierres, que
les matières falines avoient fait ob-
ftacle à leur calcination ; qu'en conféquence il eft vraifemblable qu'aucune matière faline n'entre dans la
compofition de la Chaux , & que ce
n'eft point à aucun Sel , que la Chaux
doit fes propriétés falines.

Cette théorie s'accorde merveil-
leufement bien avec le fentiment de
l'illuftre M. Stahl , un des plus grands
Chymiftes que nous ayons encore eu.
Ce grand-homme croit , comme nous
l'avons dit en parlant des Sels en gé-

néral, que toute matière faline n'eft
qu'une terre combinée d'une certaine
manière avec de l'eau. Il applique ce
fentiment à la Chaux ; il dit que le
feu ne fait que fubtilifer & atténuer
la matière terreufe, de telle forte,
qu'elle devient capable de s'unir avec
l'eau, comme il convient afin qu'il
réfulte de cette combinaifon une fubftance ayant des propriétés falines ;
& que par conféquent la Chaux n'acquiert ces fortes de propriétés, qu'a-
près avoir été combinée avec de l'eau.

Je me fuis étendu davantage fur
le fel de la Chaux que je ne ferai fur
aucune autre matière, parceque cet
objet, très-important par lui-même,
a été peu examiné jufqu'à préfent,
& que les expériences dont j'ai rendu compte à ce fujet font toutes nouvelles, les Memoires qui les contiennent n'étant pas même encore pu-
blics.

La Chaux s'unit avec les differens
acides, & préfente avec eux différens
phénoménes.

L'acide vitriolique verfé fur la
Chaux, la diffout avec effervefcence

& chaleur. Il s'exhale de ce mélange une grande quantité de vapeurs tout-à-fait semblables pour l'odeur & pour la couleur à celles de l'esprit de Sel marin ; mais qui raffemblées & réunies en liqueur , en font cependant très-différentes. Il réfulte de cette combinaifon de l'acide vitriolique avec la Chaux , un fel neutre qui fe cryftalife , & qui eft analogue au fel félénitique que M. Malouin en a retiré.

L'acide nitreux verfé fur la Chaux, la diffout auffi avec effervefcence & chaleur ; & cette diffolution eft tranfparente. Elle différe en cela de celle qui eft faite par l'acide vitriolique , qui eft opaque. Il réfulte de ce mélange un fel neutre nitreux qui ne fe cryftalife point , & qui a la proprieté très-fingulière d'être volatil , & de paffer tout entier dans la diftillation fous la forme d'une liqueur. Ce phénoméne eft d'autant plus remarquable, que la Chaux qui eft la bafe de ce fel , eft une des fubftances les plus fixes qu'on connoiffe en Chymie.

Avec l'acide du Sel marin, la Chaux
forme

forme auſſi un ſel d'une eſpéce ſingu- LA
lière qui eſt très-avide de l'humidité CHAUX.
de l'air. Nous aurons occaſion d'en
parler dans un autre endroit.

Ces expériences de la Chaux avec
les acides ſont encore toutes nouvelles. Nous en ſommes redevables
à M. Duhamel, de l'Académie des
Sciences, qui par les excellens mémoires qu'il a donnés en différens gen-
res, a montré qu'il a des connoiſſances très-étendues ſur toutes les parties
de la Phyſique.

La Chaux traitée avec les alkalis LA PIERRE
fixes, augmente conſidérablement A CAUTÈ-
leur cauſticité, & les rend beaucoup RE.
plus pénétrans & plus actifs. Une leſſive alkaline dans laquelle on a fait
bouillir de la chaux, évaporée juſqu'à
ſiccité, forme une matière très-cauſ-
tique, qui entre en fuſion très-facilement, & attire puiſſamment l'humidité de l'air : on la nomme Pierre à
Cautère, parcequ'on s'en ſert en Chirurgie, pour faire des eſcarres ſur la
peau & la cautériſer.

CHAPITRE VI.

Des Substances métalliques en général.

LEs Substances métalliques sont composées principalement d'une terre vitrifiable unie avec le phlogistique.

Les meilleurs Chymistes admettent un troisiéme principe de ces corps, qu'ils ont nommé Terre mercurielle ; le même qui selon Béker & Stahl combiné avec l'acide vitriolique, forme & caractérise l'acide du sel marin. L'existence de ce principe n'est encore démontrée par aucune expérience absolument décisive ; mais nous allons voir qu'il y a des raisons très-fortes pour l'admettre.

Ce qui prouve que les Substances métalliques sont composées d'une terre vitrifiable combinée avec le phlogistique, c'est qu'on peut, en les privant de leur phlogistique, les réduire pour la plupart en véritable verre ; & que ce même verre recouvre toutes ses

propriétés métalliques , en le rejoi- LES SUB-
gnant avec le phlogiftique. Mais il STANCES
faut obferver que les Chymiftes n'ont METALLI-
point encore pu parvenir à donner les QUES.
propriétés métalliques , par l'addition
du phlogiftique, indifféremment à toutes fortes de terres vitrifiables ; mais
feulement à celles qui ont déja fait
elles-mêmes partie d'un corps métallique. Par exemple , avec le phlogiftique & du fable on ne peut former un
compofé qui ait aucune reffemblance
avec un métal ; & c'eft-là ce qu'il y a
de plus convaincant pour prouver l'e-
xiftence d'un troifiéme principe, néceffaire pour former la combinaifon
métallique. Ce principe refte apparemment uni avec la terre vitrifiable
d'une fubftance métallique , lorfqu'on
la réduit en verre ; d'où il fuit que ces
vitrifications de métaux n'ont befoin que de l'addition du phlogiftique pour reparoître fous leur première
forme.

Une autre raifon qui n'eft pas moins
forte , & qui prouve que ces vitrifications métalliques ne font point la
terre vitrifiable pure & proprement

dite, c'eſt qu'on peut par des calcina-tions réitérées, ou long-tems conti-nuées, leur faire perdre la propriété de reprendre jamais la forme métalli-que, de quelque manière qu'on les traite enſuite avec le phlogiſtique, & les réduire par conſéquent à la con-dition de la terre vitrifiable, ſimple & exempte d'aucun mélange. Les Chy-miſtes partiſans de la terre mercurielle, rapportent un grand nombre d'autres preuves de l'exiſtence de ce principe dans les Subſtances métalliques : mais elles ſeroient déplacées dans ce livre élémentaire.

Lorſqu'on rend à un verre métalli-que ſa forme de métal par l'addition du phlogiſtique, cela s'appelle ré-duire, reſſuſciter, ou révivifier un mé-tal.

Les Subſtances métalliques ſont de différentes eſpéces, & ſe diviſent en Métaux & demi-Métaux.

On nomme Métaux, celles qui ou-tre l'aſpect & le brillant métallique, ont encore la malléabilité, c'eſt-à-di-re, la propriété de s'étendre ſous le marteau, & de prendre par ce moyen différentes formes ſans ſe caſſer.

Celles qui n'ont que l'aſpect & le brillant métallique, ſans malléabili- té, ſont appellées demi-Métaux.

Les Métaux eux-mêmes ſe diviſent encore en deux eſpéces, ſçavoir les Métaux parfaits & les Métaux impar- faits.

Les Métaux parfaits ſont ceux qui ne ſouffrent aucune altération ni au- cun changement, par l'action du feu la plus violente & la plus long-tems con- tinuée : les Métaux imparfaits ſont ceux qui perdent par l'action du feu leur phlogiſtique ; & par conſéquent leur forme métallique.

Lorſqu'on n'employe qu'un dégré de feu modéré pour priver un métal de ſon phlogiſtique, cela s'appelle calciner ce métal ; & pour lors il reſte ſous la forme d'une terre pulvérulen- te qu'on nomme chaux : c'eſt cette chaux métallique qui expoſée à un dé- gré de feu plus violent, entre en fuſion & ſe change en verre.

Les Subſtances métalliques ont de l'affinité avec les acides ; mais non pas indifféremment, c'eſt-à-dire, que toute Subſtance métallique ne peut pas ſe joindre & s'unir avec un acide quelconque.

Lorſqu'un acide ſe joint avec une Subſtance métallique, il s'excite pour l'ordinaire une ébullition accompagnée d'une eſpéce de ſifflement, & de vapeurs qui s'élévent. A meſure que l'union ſe fait, les parties du métal combiné avec l'acide deviennent inviſibles ; cela ſe nomme diſſolution : & lorſque toute une maſſe métallique a ainſi diſparu dans un acide, on dit que ce métal a été diſſou par cet acide.

Il faut obſerver qu'il en eſt des Subſtances métalliques à l'égard des acides, comme des alkalis & des terres abſorbantes ; c'eſt-à-dire, qu'un acide ne peut ſe charger que d'une certaine quantité de parties métalliques, qui ſont capables de le ſaouler, de lui faire perdre pluſieurs de ſes propriétés, & d'en diminuer d'autres. Par exemple, lorſqu'un acide eſt combiné avec un métal juſqu'au point de ſaturation, il perd ſa ſaveur, ne change plus en rouge les couleurs bleues

de végétaux, & l'affinité qu'il avoit
avec l'eau est considérablement diminuée. Au contraire les Substances métalliques, qui lorsqu'elles sont pures ne
peuvent se joindre avec l'eau, acquiérent la propriété de s'y dissoudre lorsqu'elles sont jointes avec un acide.
Ces combinaisons de Substances métalliques avec les acides, forment
des espéces de sels neutres, dont les
uns ont la propriété de se crystalifer,
& les autres ne l'ont pas. La plupart
lorsqu'ils sont fortement desséchés,
attirent l'humidité de l'air.

L'affinité qu'ont les Substances métalliques avec les acides, est moindre
que celle qu'ont les terres absorbantes & les alkalis fixes avec ces mêmes acides ; en sorte que tous les sels
métalliques peuvent être décomposés
par l'une de ces substances qui préci-
pitera le métal, & se joindra avec l'a-
cide à son préjudice.

Les Substances métalliques qui après
avoir été dissoutes par un acide en
sont ainsi séparées, se nomment Ma-
gisters, & Précipités métalliques. Ces
sortes de Précipités, à l'exception de

ceux des métaux parfaits, n'ont plus la forme métallique ; ils ont été privés de leur phlogiftique dans ces diffolutions & précipitations, & ont befoin qu'on le leur rende pour recouvrer leurs propriétés : en un mot ils font à peu près dans le même état que les Subftances métalliques qu'on a privées de leur phlogiftique par la calcination : ce qui leur a fait donner auffi le nom de chaux.

Les Subftances métalliques ont les unes avec les autres une affinité, qui diffère fuivant les différentes efpéces ; mais cela n'eft pas général, car il y en a qui ne peuvent contracter enfemble aucune union.

Il faut obferver que les Subftances métalliques ne fe joignent enfemble que lorfqu'elles font les unes & les autres dans un état femblable, c'eftà-dire, ou fous la forme métallique, ou fous celle de verre : mais qu'une Subftance métallique qui a fon phlogiftique, ne peut contracter d'union avec aucun verre métallique, même avec le fien propre.

CHAPITRE VII.

Des Métaux.

ON compte six métaux, sçavoir deux parfaits & quatre imparfaits. Les métaux parfaits sont l'Or & l'Argent ; les autres sont le Cuivre, l'Etain, le Plomb & le Fer. Quelques Chymistes ont admis un septiéme métal, sçavoir le Vif-Argent ; mais comme il n'a pas la malléabilité, le plus grand nombre l'ont considéré comme un corps métallique d'un genre particulier. Nous allons avoir occasion d'en parler plus particulièrement.

Les anciens Chymistes, ou plutôt les Alchymistes, qui croyoient qu'il y avoit un rapport & une analogie entre les métaux & les corps célestes, ont donné aux sept métaux, en y comptant le Vif-Argent, le nom des sept planétes anciennes, suivant l'affinité qu'ils ont cru avoir découverte entre ces différens corps. Ils ont nommé l'Or le Soleil ; l'Argent la Lune,

LES ME-
TAUX.
le Cuivre Venus ; l'Etain Jupiter ;
le Plomb Saturne ; le Fer Mars, &
le Vif-Argent Mercure. Ces dénominations, quoique fondées sur des raisons absolument chimériques, n'ont
pas laissé que de leur rester ; en sorte
qu'il est aisés ordinaire de trouver les
métaux ainsi nommés dans les livres
même des meilleurs Chymistes, &
désignés par les signes des planétes. Les
métaux sont les corps les plus pésans
qu'on connoisse dans la nature.

L'OR.
L'Or est le plus pésant de tous les
métaux. L'art du tireur & du bat-
teur d'Or font voir combien est
grande la ductilité de ce métal. L'action du feu seul est incapable de lui
causer aucune altération. M. Homberg fameux Chymiste, a pourtant
prétendu avoir fait fumer, & même
vitrifié ce métal en l'exposant au foyer
d'un des plus forts verres ardens
qu'on ait encore vus, connu sous le
nom de Lentille du Palais royal : mais
on a d'excellentes raisons de révoquer
en doute les expériences qu'il a faites
à ce sujet, & même de croire qu'il s'est
absolument trompé.

1°. Perſonne depuis lui n'a pu réuſ-
ſir à vitrifier l'Or , quoique pluſieurs
Phyſiciens ayent tenté tous les moyens
d'y réuſſir , en l'expoſant au foyer de
la même lentille , ou même de verres
ardens encore meilleurs.

2°. On s'eſt apperçu que l'Or expoſé
au foyer de ces verres , envoyoit
à la vérité des vapeurs , & diminuoit
de poids : mais ces mêmes vapeurs ramaſſées exactement par le moyen d'un
papier, ſe ſont trouvé être de véritable
Or, qui n'étoit nullement vitrifié , &
n'avoit par conſéquent ſouffert d'autre
altération , que d'être enlevé par la
violence du feu ſans changer aucunement de nature.

3°. La petite quantité de ſubſtance
vitrifiée qui s'eſt trouvée ſur le ſupport , dans l'expérience de ce Chymiſte , peut avoir été fournie , ou par
le ſupport lui-même , ou plutôt encore par les parties hétérogènes que l'Or
contient ; car il eſt preſque impoſſible
de l'avoir abſolument pur.

4°. M. Homberg , ni aucun de ceux
qui ont réitéré ſon expérience , n'ont
révivifié ce prétendu verre d'Or en

lui rendant du phlogiſtique , comme cela ſe pratique à l'égard des autres verres métalliques.

5°. Afin que l'expérience fût déciſive , il faudroit qu'on eût vitrifié toute la maſſe d'Or qu'on a employée , ce qui n'a pas été fait.

Je ne prétends pourtant pas nier pour cela que ce métal ſoit par lui-même abſolument indeſtructible & invitrifiable ; mais il y a lieu de croire que les hommes n'ont pu y parvenir juſqu'à préſent , apparemment faute d'avoir pu produire un dégré de feu aſſés violent ; du moins la choſe eſt très-douteuſe.

L'Or ne peut être diſſou par aucun de nos acides purs ; mais ſi on mêle enſemble l'acide nitreux & celui du ſel marin , il en réſulte une liqueur acide compoſée , avec laquelle il a une très-grande affinité , & qui eſt capable de diſſoudre parfaitement ce métal. Ce diſſolvant a été nommé par les Chymiſtes , Eau régale , à cauſe qu'il eſt le ſeul acide qui puiſſe diſſoudre l'Or , qu'ils regardent comme le roi des métaux. La diſſolution d'Or eſt d'un beau jaune oranger.

Lorſque l’Or eſt tenu en diſſolution par l’Eau régale, ſi on le précipite par un alkali, ou une terre abſorbante, qu’on le laiſſe ſécher doucement, & qu’on l’expoſe enſuite à un certain dégré de chaleur, il ſe diſſipe rapidement en l’air, avec une exploſion & un fracas des plus violens. L’Or ainſi précipité a été nommé à cauſe de cela, Or fulminant. Mais ſi après avoir précipité l’Or, on a ſoin de le laver dans beaucoup d’eau, & de lui enlever tout ce qu’il peut avoir retenu de parties ſalines, il n’eſt plus fulminant; on peut le fondre au creuſet, & le faire reparoître ſans aucune addition ſous ſa forme ordinaire.

L’Or n’entre en fuſion que lorſqu’il eſt devenu rouge, & embraſé comme un charbon ardent. Quoiqu’il ſoit le plus malléable & le plus ductil de tous les métaux, il a la propriété ſingulière d’être auſſi celui qui perd le plus facilement ſa ductilité; la vapeur des charbons ſuffit pour la lui enlever, ſi elle le touche lorſqu’il eſt en fuſion

La malléabilité de ce métal, ainſi que celle des autres, eſt encore conſi-

dérablement diminuée , fi lorfqu'ils
font rouges , on les expofe à un froid
fubit ; par exemple en les trempant
dans l'eau , ou même en les expofant
feulement à un air froid.

Le moyen de rendre la ductilité ,
foit à l'Or qui l'a perdue par l'attou-
chement de la vapeur des charbons ,
foit en général à tout métal , quand
il eft devenu moins malléable par un
refroidiffement fubit, eft de faire rougir de nouveau ces métaux , de les tenir long-tems rouges , & de les laiffer refroidir très-lentement & par dégrés : en réitérant plufieurs fois cette
manœuvre , on augmente de plus en
plus la malléabilité d'un métal.

Le foufre pur n'a point d'action fur
l'Or : mais quand il eft combiné avec
un alkali, & forme le compofé que nous
avons nommé foie de foufre , il s'unit
très - aifément avec ce métal. Cette
union même eft fi intime , que l'Or
devient par ce moyen diffoluble dans
l'eau , & que ce nouveau compofé
d'Or & de foie de foufre diffou dans
l'eau , peut paffer par les pores du papier gris , fans fouffrir aucune décompofition.

L'Or fulminant mêlé & fondu avec les fleurs de soufre perd sa propriété de fulminer ; ce qui ne vient sans doute que de ce que dans cette occasion le soufre se décompose par la combustion, & que par conséquent son acide, qui est le même que le vitriolique, comme nous l'avons vu, peut agir sur lui : car l'acide vitriolique seul versé sur l'Or fulminant lui enléve aussi sa propriété de fulminer.

L'Argent est après l'Or le métal le plus parfait. Il résiste comme l'Or à la violence du feu, même au foyer du verre ardent. Il n'a pourtant que le second rang parmi les métaux ; premièrement parcequ'il est moins pésant que l'Or, de presque la moitié ; secondement, parcequ'il a aussi moins de ductilité ; troisiémement, parceque comme nous l'allons voir, il y a un plus grand nombre de dissolvans qui ont action sur lui.

L'Argent a néanmoins sur l'Or l'avantage d'être un peu plus dur, ce qui le rend aussi plus sonore.

Ce métal entre en fusion, ainsi que

L'ARGENT.

l'Or, lorſqu'il eſt pénétré de feu juſ-qu'au point de paroître rouge & em-braſé comme un charbon ardent. Le véritable diſſolvant de l'Argent eſt l'a-cide nitreux. Cet acide, lorſqu'il eſt un peu concentré, diſſout une quan-tité d'Argent ayant un poids égal au ſien, & cela avec promptitude & fa-cilité.

L'Argent ainſi combiné avec l'acide nitreux, forme un ſel métallique qui ſe cryſtaliſe.

CRYSTAUX DE LUNE.

On a nommé ce ſel ainſi cryſtaliſé, Cryſtaux de lune. Ces Cryſtaux ſont un corroſif des plus violens. Appli-qués ſur la peau, ils y font prompte-ment une impreſſion preſque ſembla-ble à celle d'un charbon ardent; y produiſent une eſcarre de couleur noi-re, & rongent & détruiſent entière-ment la partie qu'ils ont touchée. Les Chirurgiens s'en ſervent avec ſuccès pour conſommer les chairs fongueuſes & baveuſes des ulcères.

PIERRE IN-FERNALE.

Ces Cryſtaux entrent en fuſion à un dégré de chaleur fort modéré, & avant même de rougir. Quand ils ont été ainſi fondus, ils forment une maſſe noirâtre

noirâtre ; & c'est sous cette forme
qu'on les emploie en Chirurgie : c'est
ce qui a fait donner à cette préparation le nom de Pierre infernale.

L'Argent se dissout aussi dans l'acide vitriolique ; mais il faut que cet
acide soit concentré ; qu'il y en ait le
double de son poids, & la dissolution
ne se fait qu'à l'aide d'un dégré de
chaleur assés considérable.

A l'égard de l'esprit de sel & de
l'Eau régale, ils ne peuvent dissoudre
ce métal, non plus que les autres
acides.

Quoique l'Argent ne puisse se dissoudre dans l'acide du sel marin, &
qu'il ne se dissolve, comme nous venons de le voir, qu'avec peine dans
l'acide vitriolique ; ce n'est pas à dire
pour cela qu'il n'ait avec celui-ci qu'u-
ne foible affinité, & qu'il n'en ait
point du tout avec l'autre ; au contraire l'expérience prouve qu'il a avec
ces deux acides un plus grand rapport qu'il n'en a avec l'acide nitreux :
ce qui est assés singulier, vu la grande
facilité avec laquelle ce métal se dissout dans cet acide.

H

Voici l'expérience qui prouve cette vérité : c'est que si on ajoute de l'acide vitriolique, ou de l'acide du sel marin, à une dissolution d'Argent dans l'acide nitreux, sur le champ l'Argent se sépare de son dissolvant, pour se joindre avec celui de ces deux acides qu'on a employé pour faire cette séparation.

L'Argent ainsi joint avec l'acide vitriolique ou celui du sel marin, est moins dissoluble dans l'eau, que lorsqu'il est combiné avec l'acide nitreux ; c'estpourquoi il arrive que lorsqu'on ajoute l'un ou l'autre de ces acides dans une dissolution d'Argent, la liqueur blanchit aussitôt, & il se forme un Précipité qui n'est que l'Argent uni avec l'acide précipitant. Si c'est avec l'acide vitriolique qu'on fait cette précipitation, en ajoutant une suffisante quantité d'eau, le Précipité disparoît, parceque pour lors il se trouve assés d'eau pour le dissoudre. Il n'en est pas de-même lorsqu'on fait cette précipitation par l'acide du sel marin; car la combinaison d'Argent avec cet acide est presque indissolubledans l'eau.

Ce Précipité d'Argent fait par l'acide du sel marin se fond très-facilement ; & quand il a été ainsi mis en
fusion, il se change en un corps un
peu transparent & fléxible ; ce qui lui
a fait donner le nom de Lune cornée.

Il faut observer que si au-lieu d'a-
cide de sel marin , on ajoute du sel
marin même à la dissolution d'Argent dans l'acide nitreux, il se fait de
même un Précipité qui mis en fusion
est une vraie Lune cornée. Cela vient
de ce que dans cette occasion , le sel
marin est décomposé par l'acide nitreux qui s'empare de sa base , avec
laquelle il a un plus grand rapport
que son propre acide ; & dégage par
conséquent ce même acide , qui devenu libre se joint avec l'Argent , avec
lequel , comme nous venons de le
voir , il a lui-même un plus grand rapport que l'acide nitreux. On voit par-
là que ces décompositions se font par
le moyen d'une double affinité.

On sçait déja par ce que nous avons
dit, que toutes ces combinaisons d'Argent avec les différens acides , peu-

vent être décomposées par les terres
abforbantes & par les alkalis fixes.,
puifque cette loi eft générale pour
toutes les Subftances métalliques ;
ainfi nous ne le répéterons pas dans
la fuite., quand il s'agira des autres
métaux , à moins qu'il n'y ait quelque
chofe de particulier à obferver là-deffus.

Je remarquerai à l'égard de l'Argent , que lorfqu'il eft ainfi féparé par
ces intermédes des acides qui le te-
noient en diffolution , il n'a befoin
que de la fimple fufion pour reparoître fous fa forme ordinaire , parcequ'il ne perd pas fon phlogiftique, non
plus que l'Or , par ces diffolutions &
précipitations.

L'Argent peut fe joindre avec le
foufre dans la fufion. Si même l'Argent
eft fimplement rouge dans un creufet,
& qu'on y ajoute du foufre , il entre
auffitôt en fufion , parceque le foufre la facilite beaucoup. Lorfque l'Argent eft ainfi uni avec le foufre , il
forme une maffe qui peut fe couper,
qui eft demi-malléable, & qui a prefque la couleur & la confiftence du

plomb. Si on laisse cet Argent sulphuré LES MÉ-
en fusion pendant long-tems, & à une TAUX.
forte chaleur, le soufre se dissipe & L'ARGENT
laisse l'Argent pur.

L'Argent s'unit & se mêle par la fusion parfaitement avec l'Or. Ces deux métaux ainsi mêlés forment un composé qui a des propriétés participantes de l'un & de l'autre.

Jusqu'à présent on n'a pu trouver LE DÉ-
un bon moyen de les séparer par la PART.
seule voie séche; (on se sert de ce terme pour toutes les opérations qui se font par la fusion) mais il y en a un excellent de faire cette séparation par la voie humide, c'est-à-dire, par les dissolvans acides. Ce moyen est fondé sur ce que nous avons dit des propriétés de l'Or & de l'Argent par rapport aux acides. Nous avons vu qu'il n'y a que l'Eau régale qui puisse dissoudre l'Or ; que l'Argent au contraire ne se dissout point dans l'Eau régale, mais que son vrai dissolvant est l'acide nitreux : par conséquent lorsque l'Or & l'Argent sont mêlés ensemble, si on met la masse qui en résulte dans l'eau forte, cet acide dissoudra tout

ce qu'il y a d'Argent , & ne touchera aucunement à l'Or qui doit rester pur ; on aura donc par-là la séparation desirée. Ce moyen s'emploie communément dans l'Orfévrie , & les monoies : on l'a nommé le Départ.

Il est clair que si au-lieu d'Eau forte on employoit l'Eau régale , on feroit également le départ ; & que toute la différence qu'il y auroit dans ce procédé , consisteroit en ce que ce seroit l'Or qui seroit dissou , & que l'Argent resteroit pur. Mais on préfere l'Eau forte pour cette opération , parceque l'Eau régale ne laisse point de mordre un peu sur l'Argent, au-lieu que l'Eau forte n'a pas la moindre action sur l'Or.

Il faut remarquer que lorsque l'Or & l'Argent sont mêlés ensemble à parties égales , on ne peut pas faire le départ par le moyen de l'Eau forte. Il est nécessaire , afin que l'Eau forte puisse dissoudre l'Argent comme il convient , que le poids de ce métal soit au moins triple de celui de l'Or. Quand il est en moindre proportion , il faut se servir de l'Eau régale , ou

bien faire fondre la masse métallique,
& y ajouter la quantité d'Argent nécessaire pour qu'il se trouve dans la
proportion que nous venons d'indiquer, si on veut employer l'Eau forte.

Cet effet, qui est assés singulier, arrive vraisemblablement parceque dans
le cas où l'Or est en plus grande quantité, ou même en quantité égale avec
l'Argent, ses parties qui sont intimement unies avec celles de ce métal,
sont apparemment capables de les enduire & de les couvrir assés pour les
défendre de l'action de l'Eau forte ;
ce qui n'a pas lieu quand il y a trois
fois plus d'Argent que d'Or.

Il y a encore une chose à observer
touchant l'opération du départ ; c'est
qu'il arrive rarement que l'Eau forte
soit bien pure pour deux raisons, la
première c'est qu'il est difficile lorsqu'on la fait, d'empêcher qu'il
ne s'éléve un peu de l'intermède
qu'on emploie pour dégager l'acide
nitreux, c'est-à-dire, de l'acide vitriolique qui se mêle avec les vapeurs
de l'Eau forte : & la seconde, c'est
qu'à moins que le salpêtre ne soit

purifié parfaitement, il contient toujours un peu de fel marin dont l'a-
cide, comme on fçait, eft facilement dégagé par l'acide vitriolique,
& par conféquent s'éléve auffi avec
les vapeurs de l'Eau forte. Il eft facile de voir que l'Eau forte altérée
de l'une ou de l'autre manière n'eft
pas propre à faire le départ, parceque
comme nous venons de le dire, l'a-
cide vitriolique, auffi-bien que celui
du fel marin, précipitent l'Argent diffou dans l'acide nitreux ; ce qui eft
caufe que lorfqu'ils font joints avec
cet acide, ils troublent la diffolution,
& émouffent l'action qu'il a fur ce
métal. Ajoutez à cela, que lorfque
l'Eau forte eft altérée par le mélange
de l'efprit de fel, elle devient régali-
ne, & par conféquent d'autant plus
capable de diffoudre l'Or, que fon action fur l'Argent eft diminuée par ce
mélange.

Le moyen de remédier à cet inconvénient, c'eft-à-dire, de rendre l'Eau
forte parfaitement pure, eft fondé fur
ce que nous venons de dire de la propriété qu'ont l'acide vitriolique & celui

lui du sel marin, de s'unir avec l'Ar-
gent dissous dans l'acide nitreux. Il
n'y a qu'à avoir une dissolution d'Argent faite par de l'Eau forte bien pure,
& en verser goutte à goutte dans
celle qui ne l'est pas ; aussitôt l'acide
vitriolique ou celui de sel marin qui
altèrent cette Eau forte se joindront
avec l'Argent, & se précipiteront au
fond. Quand la dissolution d'Argent
ne trouble plus aucunement la transparence de l'Eau forte, on peut être
assuré qu'elle est pour lors très-pure
& propre à faire le départ. Lorsqu'on
purifie ainsi l'Eau forte par la dissolution d'Argent, cela s'appelle précipiter l'Eau forte, & on nomme Eau forte
précipitée, celle qui a été ainsi purifiée.

Lorsque l'Argent est dissous dans
l'Eau forte, on peut l'en séparer, comme
nous avons vu, par les terres absorbantes & les alkalis fixes. Nous allons
voir bientôt qu'il y a encore d'autres
moyens ; mais de quelque manière
qu'on le désunisse d'avec son dissolvant, il peut, de même que l'Or, reprendre sa forme métallique par la
simple fusion, sans aucune addition.

Il est à observer que lorsque l'Argent est en fusion, le contact immédiat
de la vapeur des charbons ardens lui
enléve presque toute sa malléabilité
comme à l'Or ; mais on rend facilement
cette propriété à ces deux métaux , en
les faisant fondre avec du nitre.

Le Cui-
vre.

Le Cuivre est celui de tous les métaux imparfaits qui approche le plus
de l'Or & de l'Argent. Il résiste à un
dégré de feu assés violent & assés
long-tems continué ; mais enfin il
perd son phlogistique & sa forme
métallique , pour prendre celle d'une
chaux ou d'une pure terre rougeâtre.
Il est presque impossible de réduire
en verre cette chaux de Cuivre , sans
y rien ajouter qui facilite sa fusion ;
tout ce que la plus violente chaleur
peut faire est de l'amollir. Le Cuivre , même lorsqu'il a sa forme métallique , & qu'il est bien pur , demande un dégré de feu très - considérable pour le fondre , & ne devient fluide que très - long - tems après avoir
rougi. Lorsqu'il est en fusion , il communique à la flamme des charbons des
couleurs vertes.

Ce métal céde à l'Argent en péfan- Les Mé-
teur, & même en ductilité, quoiqu'il taux.
en ait une affés grande ; mais en ré- Le Cui-
compenfe il a plus de dureté. Il fe vre.
joint facilement avec l'Or & l'Argent
fans diminuer beaucoup leur beauté ;
lorfqu'il n'eft qu'en petite quantité :
il leur procure même quelques avan-
tages ; fçavoir d'être plus durs &
moins fufceptibles de perdre la ductilité dont ces métaux font fujets à
être privés, fouvent par le mélange
de la moindre partie hétérogêne : ce
qui vient apparemment de ce que la
fienne au contraire réfifte à la plupart
des caufes qui l'enlévent aux métaux
parfaits.

La propriété qu'a le Cuivre, ainfi
que les autres fubftances métalliques,
de perdre le phlogiftique par la calcination & de fe vitrifier, fournit un
moyen de le féparer de l'Or & de
l'Argent lorfqu'ils font combinés enfemble. Il n'y a qu'à expofer la maffe
compofée de métaux parfaits & d'autres fubftances métalliques, à un dégré de feu affés violent pour vitrifier
tout ce qui n'eft pas Or ou Argent, il

est évident qu'on aura par cette méthode ces deux métaux aussi purs qu'il est possible ; car nous avons déja dit, qu'aucune chaux ou verre métallique ne peut s'unir avec des métaux qui ont leur phlogistique : c'est sur ce principe qu'est fondé tout le travail de l'affinage de l'Or & de l'Argent.

Lorsque les métaux parfaits ne sont alliés qu'avec du Cuivre seul ; comme ce métal est extrêmement difficile à vitrifier, & qu'il le devient encore davantage par l'union qu'il a contractée avec les métaux invitrifiables, il est aisé de sentir qu'il est presqu'impossible de les séparer, sans ajouter quelque chose qui facilite la vitrification du Cuivre. Les métaux qui ont la propriété de se vitrifier facilement sont très-propres à cela, c'est-pourquoi il est nécessaire d'en ajouter une certaine quantité, quand on veut purifier l'Or & l'Argent de l'alliage du Cuivre. Nous aurons occasion de nous étendre davantage là-dessus, lorsque nous traiterons du Plomb.

Le Cuivre est dissoluble dans tous

les acides, & leur communique une
couleur verte, & fouvent bleue. Les
fels neutres mêmes, & l'eau ont de
l'action fur lui. Il eft vrai qu'à l'é-
gard de l'eau, comme il eft prefque
impoffible de l'avoir abfolument pure
& exempte de tout mélange falin, il
refte douteux de fçavoir fi ce n'eft pas
plutôt à raifon de quelques parties falines qu'elle contient qu'elle agit fur
ce métal. C'eft cette grande facilité à
être diffous qui rend le Cuivre fufceptible de la rouille, qui n'eft autre
chofe que les parties de la fuperficie
qui font rongées par quelques particules falines contenues dans l'air &
dans l'eau qui la touchent.

La rouille du Cuivre eft toujours
verte ou bleue, ou d'une couleur
moyenne. Prife intérieurement, elle
eft extrêmement nuifible, & eft un
vrai poifon, auffi-bien que toutes les
diffolutions de ce métal faites par un
acide quelconque. La couleur bleue,
que le Cuivre ne manque pas de prendre auffitôt qu'il eft rongé par quelque fubftance faline, eft une marque
fure pour le reconnoître par-tout où

I iij

il eſt, en quelque petite quantité qu'il
y ſoit.

Le Cuivre diſſous dans l'acide vitriolique, forme une eſpéce de ſel métallique qui ſe coagule en cryſtaux de
figure romboïdale, & d'une couleur
bleue extrêmement belle : on nomme
ces cryſtaux Vitriol bleu, ou Vitriol
de Cuivre. On en trouve de tout formé dans les entrailles de la terre. On
en peut faire d'artificiel, en diſſolvant du Cuivre dans l'acide vitriolique ; mais il faut pour que la diſſolution ſe faſſe, que cet acide contienne
peu de phlegme. La ſaveur de ce Vitriol eſt ſalée, ſtiptique & aſtringen-
te. Ce Vitriol bleu retient une aſſés
grande quantité d'eau dans ſa cryſtaliſation ; ce qui eſt cauſe qu'il devient aiſément fluide par l'action du
feu.

Il faut remarquer que quand on
l'expoſe à un certain dégré de chaleur
pour lui faire perdre ſon humidité,
on lui enléve en même-tems une bonne partie de ſon acide ; de-là vient
qu'après qu'il a ſouffert la calcination,
il ne reſte plus qu'une eſpéce de terre

ou chaux métallique de couleur rouge, qui ne contient que très-peu d'a-
cide : cette terre est très-difficile à mettre en fusion.

Le Cuivre dissous dans l'acide nitreux ne forme point un sel qui puisse
se cryftalifer. Cette combinaifon attire fortement l'humidité de l'air lorfqu'elle eft deffechée. Il en eft de-même lorfqu'il eft diffous par l'efprit de
fel & l'Eau régale.

Si on précipite par une terre ou un
alkali, le Cuivre qui a été ainfi diffous par ces différens acides, il conferve à peu près la couleur qu'il avoit
dans la diffolution ; mais il fe trouve
que ces Précipités ne font prefque plus
que la terre du Cuivre, ou du Cuivre
privé d'une grande partie de fon phlogiftique, en forte que fi on les pouffoit
à un feu violent fans addition, ils fe ré-
duiroient en verre, & ne reprendroient
pas la forme métallique. Il eft donc néceffaire, quand on veut les réduire en
Cuivre, d'y ajouter une certaine quantité de matière qui contient du phlogiftique, & qui peut par conféquent
leur rendre celui qu'ils ont perdu.

I iv.

La matière qui s'est trouvé la plus propre à faire ces sortes de réductions, est le charbon pulvérisé, parceque le charbon n'est que le phlogistique étroitement lié avec une terre qui le rend très-fixe, & capable de résister à une violente action du feu. Il est bon même de remarquer que toutes les matières qui contiennent du phlogistique, & qui peuvent faire par conséquent les réductions, ne deviennent capables de produire cet effet, que lorsqu'elles sont elles-mêmes réduites en l'état de charbon, & qu'ainsi il n'y a à proprement parler que cette substance qui puisse faire les réductions. Mais comme le charbon ne peut entrer en fusion, & par conséquent est plutôt capable d'empêcher que de faciliter celle des chaux ou verres métalliques, qui est pourtant une condition essentielle pour que la réduction puisse se faire, on a imaginé de mêler le charbon, ou toute autre matière contenant du phlogistique, avec des alkalis fixes qui entrent facilement en fusion, & sont propres à faciliter celle des autres corps : on a nommé ces mélanges , Flux réductifs , parcequ'on nomme flux en général , tous les fels ou mélanges de fels qui font propres à faciliter la fufion.

Lorfque le Cuivre eft bien rouge , fi on lui préfente du foufre , auffitôt il entre en fufion , & ces deux fubftances s'uniffent enfemble pour former un nouveau compofé qui eft beaucoup plus fufible que le Cuivre pur. Ce compofé fe détruit par la feule action du feu , pour deux raifons : la première , eft que comme le foufre eft volatil , le feu peut en fublimer une bonne partie , fur-tout lorfqu'il eft joint avec le Cuivre en grande proportion ; & la feconde , eft que la portion de foufre qui refte plus intimement unie avec le Cuivre , quoique devenu moins combuftible par cette union , ne laiffe pas de fe bruler & de fe confumer après un certain tems. Le Cuivre qui a été combiné avec le foufre , & qui a fouffert avec lui l'action du feu , fe trouve en partie changé en vitriol bleu. La raifon en eft évidente ; c'eft que dans la combuſtion du ſoufre, l'acide vitriolique qui s'eſt trouvé libre a été en état de diſſoudre le Cuivre.

Le Cuivre a plus d'affinité avec le ſoufre que n'en a l'Argent. Ce métal, ainſi que les autres métaux imparfaits & les demi-métaux, mêlé avec le nitre & expoſé au feu, ſe décompoſe & ſe calcine bien plus vîte que s'il étoit ſeul, parceque le phlogiſtique qu'il contient, auſſitôt qu'il eſt dans le mouvement igné, procure la détonnation du nitre ; & par conſéquent ces deux ſubſtances ſe décompoſent l'une l'autre mutuellement. Il y a même des Subſtances métalliques dont le phlogiſtique eſt ſi abondant, & ſi peu lié avec leur terre, que lorſqu'on les traite ainſi avec le nitre, il s'excite auſſitôt une détonnation accompagnée de flamme, auſſi violente que ſi on avoit employé du ſoufre ou de la poudre de charbon, & qu'ainſi en un moment la ſubſtance métallique perd ſon phlogiſtique & ſe calcine. Le nitre, après ces détonnations, prend toujours un caractère alkalin.

Le Fer est moins pesant & moins
ductile que le cuivre; mais beaucoup
plus dur & plus difficile à mettre en
fusion.

Il est la seule substance qui ait la
propriété d'être attirée par l'aimant,
qui sert par conséquent à le faire reconnoître par-tout où il est. Mais il
faut remarquer qu'il n'a cette propriété que quand il est sous sa forme
métallique, & qu'il la perd lorsqu'il
est réduit en terre ou en chaux; de-
là vient qu'il y a très-peu de mines
de Fer qui soient attirables par l'aimant, parceque pour l'ordinaire elles ne sont que des espéces de terres
qui ont besoin de l'addition du
phlogistique pour prendre la forme
de véritable Fer.

Lorsque le Fer n'a souffert d'autre
préparation que la fusion qu'il est nécessaire de donner à sa mine pour
l'en séparer, il n'a aucune ductilité,
& se casse en morceaux lorsqu'on le
frappe à coups de marteau; ce qui
vient en partie de ce qu'il contient
une certaine quantité de terre non
métallique, qui est interposée entre

ses parties : on nomme ce Fer, Fer fondu, ou simplement Fonte. En exposant la Fonte à une seconde fusion, on
la rend plus pure, & on parvient à
la dépouiller de ses parties hétérogênes ; mais comme ses parties propres ne sont pas encore apparemment
assés rapprochées & assés unies les unes
aux autres, tant que le Fer n'a souffert
d'autre préparation que la fusion, il
n'a pas de malléabilité.

Le moyen de lui donner cette propriété, est de le faire simplement rougir, & de le frapper ensuite avec le
marteau pendant un certain tems en
tous sens, en sorte que ses parties
puissent s'unir, se lier & s'appliquer les unes aux autres comme il
convient, & les parties hétérogênes
qu'il contient en être séparées. Le Fer
rendu malléable par ce moyen autant
qu'il peut l'être, s'appelle Fer forgé.

Le Fer forgé est encore bien plus
difficile à mettre en fusion que la Fonte. Il faut pour y parvenir un feu de la
dernière violence.

Le Fer a la propriété de se charger
d'une plus grande quantité de phlo-

giſtique qu'il ne lui en faut pour avoir
ſimplement la forme métallique. On
peut lui donner cette quantité ſurabondante de phlogiſtique par deux
moyens : le premier, c'eſt en le faiſant refondre avec des matières qui
en contiennent ; & le ſecond, c'eſt
en le tenant ſimplement environné
de ces mêmes matières, telles par
exemple que différens charbons pul-
vériſés, & l'expoſant pendant un certain tems à un dégré de feu ſuffiſant
pour le tenir ſeulement rouge. Cette
ſeconde méthode, par laquelle on incorpore une ſubſtance dans une autre
en ſe ſervant du feu, ſans cependant
mettre en fuſion ni l'une ni l'autre,
ſe nomme en général Cémentation.

Le Fer ainſi impregné d'une nouvelle quantité de phlogiſtique, devient beaucoup plus dur que celui qui
n'en contient que ce qui lui eſt abſolument néceſſaire pour avoir ſa forme métallique. On le nomme Acier.
On parvient auſſi à augmenter conſidérablement la dureté de l'Acier par
la trempe, qui conſiſte à le faire rougir, & à le plonger ſubitement dans

quelque liqueur froide. Plus l'Acier
est chaud & la liqueur dans laquelle
on le trempe froide , plus il devient
dur. C'est par ce moyen qu'on fait
des outils tels que les limes & les ci-
seaux , qui sont capables de couper
& diviser les corps les plus durs ,
comme sont les verres , les cailloux ,
& le Fer même. La couleur de l'Acier
est plus brune que celle du Fer , &
les facettes qui paroissent dans sa caf-
sure sont plus petites que celles de
ce métal. Il est aussi moins ductile &
plus cassant , sur-tout lorsqu'il est
trempé.

Comme on peut ajouter au Fer une
plus grande quantité de phlogistique
pour le faire devenir Acier , de-même on peut enlever à l'Acier ce phlogistique surabondant , & le réduire
à la condition de Fer : cela se fait en
le cémentant avec des terres maigres ,
telles que les os calcinés & la craie.
Par cette même opération on détrem-
pe aussi l'Acier : car pour lui faire perdre la dureté qu'il a acquise par la
trempe , il suffit de le faire rougir , &
de le laisser refroidir lentement. Au

reſte, à l'exception des différences que nous venons de faire remarquer, le Fer & l'Acier ont les propriétés ſemblables ; ainſi ce que nous allons dire doit s'entendre auſſi-bien de l'un que de l'autre.

Le Fer expoſé à l'action du feu pendant un certain tems , ſur-tout lorſqu'il eſt diviſé en petites parties , comme lorſqu'il eſt réduit en limaille , ſe calcine & perd ſon phlogiſtique. Il ſe réduit en une eſpéce de terre d'un jaune rougeâtre qu'on a nommée à cauſe de cela Saffran de Mars.

Cette chaux de Fer a cela de ſingulier, qu'elle entre en fuſion un peu moins difficilement que le Fer même ; au-lieu que toutes les autres chaux métalliques ſe fondent moins facilement que les métaux dont elles ſont tirées. Elle a encore la propriété ſingulière de ſe joindre avec le phlogiſtique, & de ſe réduire en Fer ſans entrer en fuſion : il ſuffit pour cela qu'elle ſoit ſimplement rouge.

Le Fer ſe joint avec l'Argent, & même avec l'Or , par le moyen de

certaines manipulations. Nous verrons à l'article du Plomb , comment
on peut le féparer de ces métaux.

Il préfente avec les acides à peu
près les mêmes phénoménes que le
Cuivre : il n'y en a aucun qui n'ait
action fur lui. Certains fels neutres ,
alkalis , & l'eau même font capables
de le diffoudre ; de-là vient qu'il eft
auffi très-fujet à la rouille. L'acide
vitriolique le diffout avec une grande
facilité ; mais avec des circonftances
différentes de celles qui accompagnent
la diffolution du Cuivre par ce même
acide : car 1°. au-lieu qu'il faut que
l'acide vitriolique foit concentré pour
diffoudre le Cuivre , il eft néceffaire
au contraire qu'il foit chargé d'eau
pour diffoudre le Fer , & il n'a fur
lui aucune action lorfqu'il eft bien
déphlegmé; 2°. les vapeurs qui s'élévent dans cette diffolution font inflammables ; en forte que fi on la fait
dans un vaiffeau dont l'ouverture foit
étroite , & qu'on préfente à cette ouverture la flamme d'une bougie , les
vapeurs qui rempliffent la bouteille
s'enflamment avec une telle rapidité ,
qu'il

qu'il se fait une explosion considérable.

Lorsque la dissolution est faite,
elle est d'une belle couleur verte ; &
de cette union du Fer avec l'acide vitriolique, il résulte un sel moyen métallique , qui a la propriété de se coaguler en cristaux de figure rhomboï-
dale qui ont aussi la couleur verte :
on nomme ces cristaux Vitriol verd ,
ou Vitriol de Mars.

Le Vitriol verd a une saveur salée
& astringente. Comme il retient une
grande quantité d'eau dans sa crista-
lisation , il devient aisément fluide
par l'action du feu : mais ce n'est
qu'une fluidité aqueuse , & non pas
une véritable fusion ; car aussitôt que
l'humidité est évaporée , il reprend
la forme solide. Il perd pour lors sa
couleur verte & sa transparence ,
pour prendre une couleur blanche
opaque. Si on continue à le calciner ,
son acide s'évapore & se dissipe aussi
en vapeurs. A mesure qu'il le perd ,
il prend une couleur jaune , qui approche d'autant plus du rouge, que
l'on continue long-tems la calcina-

K

Les Me-
taux.

Le Fer.

tion, ou qu'on augmente le feu. Lorfqu'elle eſt pouſſée à ſon dernier point,
ce qui reſte eſt d'un rouge très-foncé.
Cette ſubſtance n'eſt autre choſe que
le Fer même qui a perdu ſon phlogiſtique, & qui n'eſt plus qu'une terre, à peu près de la même nature
que celle qui reſte lorſqu'on a calciné
le Fer même, & qui en a les propriétés.

L'Ocre.

Le Vitriol verd diſſous dans l'eau,
dépoſe de lui-même une ſubſtance jaunâtre & terreuſe. Si on filtre cette
diſſolution pour l'avoir claire, elle
continue à laiſſer précipiter la même
ſubſtance; & cela arrive toujours de
même, juſqu'à ce que le Vitriol ſoit
entièrement décompoſé. Cette ſubſtance n'eſt autre choſe que la terre même
du Fer, qui prend pour lors le nom
d'Ocre.

L'acide nitreux diſſout le Fer avec
une grande facilité. Cette diſſolution
eſt d'un jaune qui eſt d'autant plus
roux ou brun, qu'elle eſt plus chargée de Fer. Le Fer ainſi diſſous ſe précipite auſſi de lui-même en eſpèce de
chaux qui ne peut plus être diſſoute

de nouveau ; car il faut que le Fer
ait son phlogistique pour pouvoir
être attaqué par l'acide nitreux. Cette
dissolution ne se crystalise point, &
attire l'humidité de l'air, si on l'é-
vapore jusqu'à siccité.

L'Esprit de sel dissout aussi le Fer,
& cette dissolution est verte. Celle
qui est faite par l'Eau-régale est jaune.

Le Fer a une plus grande affinité
avec l'acide nitreux & l'acide vitriolique, que n'en ont avec ces mêmes
acides l'Argent & le Cuivre ; en sorte
que si on présente du Fer à un de ces
acides qui tient en dissolution l'un ou
l'autre de ces métaux, il se fait une
précipitation du métal dissous, parceque l'acide l'abandonne pour dissoudre le Fer avec lequel il a un plus
grand rapport.

Il y a une remarque à faire à l'occasion du Cuivre ; c'est que lorsqu'il
est dissous par l'acide vitriolique, si
on le précipite par le Fer, ce Précipité a la forme & le brillant métallique, & n'a pas besoin qu'on lui
rende du phlogistique pour être de
vrai Cuivre ; ce qui n'arrive pas,

comme nous l'avons vu , lorsqu'on fait la précipitation par les terres ou les sels alkalis.

La couleur de ce Précipité métallique a trompé plusieurs personnes, qui n'étant pas au fait de ces sortes de phénoménes , & ne connoissant pas la nature du Vitriol bleu , voyant que la superficie d'un morceau de Fer qu'ils avoient trempé dans une dissolution de ce Vitriol avoit pris toute la forme & l'extérieur du Cuivre , se font imaginé qu'ils avoient réellement changé le Fer en Cuivre par ce moyen : au-lieu que ce n'étoit que les parties mêmes du Cuivre contenu dans le Vitriol , qui s'étoient appliquées à la superficie du Fer , à mesure qu'elles avoient été précipitées par ce métal.

Nous avons dit que le Fer est dissoluble dans les alkalis fixes ; voici un phénoméne assés singulier qui le prouve : c'est que lorsque le Fer est dissous par un acide , si à cette dissolution on ajoute tout d'un coup une grande quantité d'un alkali , il ne se fait aucun Précipité , & la liqueur

reſte claire & tranſparente ; ou ſi elle
paroît d'abord ſe troubler , cela ne
dure qu'un inſtant , & la liqueur reprend bientôt ſa diaphanéité. La raiſon de cela , eſt qu'il ſe trouve dans
cette occaſion une quantité d'alkali
plus que ſuffiſante pour ſaouler tout
l'acide de la diſſolution , & que cette
quantité ſurabondante trouvant le
Fer déja tout diviſé par l'acide , le
diſſout facilement à meſure qu'il eſt
précipité , & l'empêche de troubler
la liqueur. La preuve en eſt , que ſi
on ne ſe ſert que d'une quantité d'alkali qui ne ſoit pas ſuffiſante pour
ſaouler tout l'acide , ou qui né ſoit
tout juſte qué ce qu'il en faut pour
cela , le Fer eſt précipité dans cette
occaſion comme tous les autres métaux.

L'eau a auſſi ſon action ſur le Fer ,
de-là vient que le Fer expoſé à l'humidité ſe rouille. Si on expoſe à la
roſée du Fer en limaille , toute cette
limaille devient rouille , & prend le
nom de Saffran de Mars préparé à la
roſée. Le Fer traité avec le nitre , le
fait détonner aſſés fortement , s'en-

flamme, & se décompose avec rapidité.

Ce métal a avec le soufre une plus
grande affinité qu'aucune autre subftance métallique ; ce qui fait qu'on
l'emploie avec succès pour précipiter &
séparer du soufre toute subftance métallique qui eft combinée avec ce minéral.

Le soufre communique au Fer ,
lorsqu'il s'unit avec lui , une si grande fusibilité , que lorfque ce métal
eft fimplement bien rouge & embrasé , fi on le frotte avec un morceau
de soufre , il entre auffitôt en fufion ,
auffi parfaite qu'un métal qui eft exposé à l'action d'un grand verre ardent.

L'Etain eft le moins péfant de tous
les métaux. Quoiqu'il céde facilement à l'impreffion des corps durs ,
il n'a pas une grande ductilité. Lorfqu'on le ploie en différens fens , il
fait un petit bruit ou efpéce de cli-
quetis. Il entre en fufion à un dégré
de chaleur très-modéré , & long-tems
avant de rougir. Lorfqu'il eft en fon-

te , fa furface se ternit promptement,

& il s'y forme une petite pellicule LES MÉ- brune & poudreufe, qui n'eſt autre TAUX. chofe que l'Etain même qui a perdu L'ETAIN. fon phlogiſtique, ou de la chaux d'E- tain. Ce métal ainſi calciné, reprend très-facilement ſa forme métallique par l'addition du phlogiſtique. Si on pouſſe au feu la chaux d'Etain, elle devient blanche, mais elle réſiſte à la plus grande chaleur fans entrer en fuſion ; ce qui la fait regarder par quelques Chymiſtes, plutôt comme une terre calcinable ou abſorbante ; que comme une terre vitrifiable. Elle L'EMAIL. ſe vitrifie cependant en quelque forte lorſqu'on la mêle avec quelque fub- ſtance aifée à vitrifier. Mais elle ne fait jamais qu'un verre imparfait, qui n'a pas la tranſparence, & qui eſt d'une blancheur opaque. On nomme cette vitrification de la chaux d'Etain, Email. On peut faire des Emaux de différentes couleurs, en y ajoutant dif- férentes fortes de chaux métalliques.

L'Etain fe joint facilement à tous les métaux ; mais il n'y en a aucun auquel il n'enléve la ductilité & la malléabilité, fi ce n'eſt au plomb. Il posséde même à un dégré si éminent cette propriété de rendre les métaux fragiles & caffans, que fa feule vapeur, lorfqu'il eft en fufion, eft capable de produire cet effet fur eux. Et ce qu'il y a de fingulier, c'eft que les métaux les plus ductiles, tels que l'Or & l'Argent, font ceux qu'il altère le plus facilement & le plus confidérablement à cet égard.

LE FER-
BLANC.

Il s'attache & s'incorpore en quelque forte à la fuperficie du Cuivre & du Fer ; d'où eft venu l'ufage d'enduire d'Etain ces métaux. Le Fer-blanc n'eft autre chofe que des lames de Fer minces qui font ainfi enduites d'Etain, ou étamées.

Si on mêle une partie de Cuivre fur vingt parties d'Etain, cet alliage le rend beaucoup plus folide, & la maffe qui en réfulte conferve encore affés de ductilité.

BRONZE,
AIRAIN.

Si au contraire on ajoute une partie d'Etain fur dix parties de Cuivre, en y mêlant un peu de Zinc, qui eft un demi-métal dont nous parlerons dans la fuite, il réfulte de cette combinaifon un compofé métallique, dur, caffant,

caſſant & très-ſonore , dont on ſe
ſert pour faire des cloches : on nomme ce compoſé Bronſe ou Airain.

L'Etain a de l'affinité avec l'acide vitriolique , l'acide nitreux & celui du
ſel marin. Ces acides l'attaquent , &
le rongent. Ils ont cependant de la
peine à le diſſoudre ; de manière que
ſi on veut que la diſſolution ſoit claire , il faut pour cela employer des
moyens particuliers ; ils ne font en
quelque ſorte que le calciner , & le
réduire en une eſpéce de chaux blanche ou de Précipité. Le diſſolvant qui
a ſur lui le plus d'action , eſt l'Eau régale. Il a même avec elle une plus
grande affinité que n'en a l'Or ; d'où
il ſuit que lorſque l'Or eſt diſſous dans
l'Eau régale , on peut le précipiter en
y préſentant de l'Etain ; mais il faut
pour cela que l'Eau régale ſoit affoi-
blie. Cet Or ainſi précipité par l'Etain
eſt d'une très-belle couleur de pour-
pre.

L'Etain , en général , a la propriété
de donner beaucoup d'éclat aux couleurs rouges ; ce qui fait qu'on s'en
ſert dans la teinture , pour faire de

Les Me-
taux.

L'Etain.

Le Plomb.

belle écarlate. L'eau n'a pas sur ce métal la même action qu'elle a sur le Fer & sur le Cuivre; ce qui est cause qu'il n'est pas susceptible de rouille comme eux; cependant sa superficie ne laisse pas de perdre à l'air en assés peu de tems son poli & son brillant.

L'Etain mêlé avec le nitre, & exposé au feu, s'enflamme avec lui, le fait détonner, & se réduit promptement en une chaux réfractaire, (c'est ainsi qu'on appelle toutes les substances qui ne peuvent point entrer en fusion.)

L'Etain s'unit facilement avec le soufre, & se réduit avec lui en une masse friable & cassante.

Le Plomb est après l'Or & le Mercure la plus pésante de toutes les substances métalliques; mais il n'y en a point qui ne le surpasse en dureté. Il est aussi celui de tous les métaux qui entre en fusion le plus facilement, si on en excepte l'Etain. Lorsqu'il est fondu, il se forme continuellement à sa superficie une pellicule noirâtre & poudreuse, comme à celle de l'Etain, qui n'eſt autre choſe que la chaux de Plomb.

Cette chaux calcinée à un feu modéré dont la flamme ſe réfléchiſſe deſſus, devient d'abord blanche. Si on continue enſuite la calcination, elle prend la couleur jaune, & enſuite un beau rouge. Lorſqu'elle eſt dans cet état, elle ſe nomme Minium, & on l'emploie dans la peinture.

Pour réduire le Plomb en Litarge, qui eſt une eſpéce de demi-vitrification de ce métal, il ne faut que le tenir en fuſion à un dégré de feu aſſés fort; parcequ'alors à meſure que ſa ſuperficie ſe calcine, elle tend à la fuſion & à la vitrification.

Toutes ces préparations de Plomb ſont très-diſpoſées à entrer en fuſion parfaite, & à ſe vitrifier; elles ne demandent qu'un dégré de feu modéré, la chaux, ou la terre du Plomb, étant de toutes les terres métalliques celle qui ſe vitrifie le plus facilement.

Le Plomb a non-ſeulement la propriété de ſe réduire en verre avec une extrême facilité; mais il a auſſi celle de faciliter beaucoup la vitrification

L ij

de tous les autres métaux imparfaits;
& lorsqu'il est vitrifié, de procurer une
prompte fusion à toutes les terres &
pierres en général, même à celles qui
sont réfractaires, c'est-à-dire, qu'on
ne pourroit fondre sans son secours.

Outre la grande fusibilité, le Verre
de Plomb a encore la propriété singulière d'être si subtil & si actif, qu'il
ronge & pénétre les creusets dans lesquels on le fait fondre, à moins qu'ils
ne soient d'une terre extrêmement
dure & compacte. On peut diminuer
sa grande activité en le joignant à
d'autres matières vitrifiables. Mais à
moins qu'elles ne soient en très-grande
proportion, il ne laisse pas d'en conserver assés, nonobstant ce mélange,
pour pénétrer les terres ordinaires,
& entraîner avec lui les matières avec
lesquelles il est combiné.

C'est sur ces propriétés du Plomb
& du Verre de Plomb, qu'est fondé
tout le travail de l'affinage de l'Or &
de l'Argent. Nous avons vu que comme ces métaux sont indestructibles par
le feu, & qu'ils sont les seuls qui
ayent cet avantage, on peut les sé-

parer des métaux imparfaits lorfqu'ils
fe trouvent mêlés avec eux , en les
expofant à un dégré de feu affés vio-
lent pour vitrifier ces derniers ; parceque toute fubftance métallique ,
comme nous l'avons dit auffi , lorfqu'elle eft vitrifiée , ne peut contracter d'union avec aucun métal qui a
fa forme métallique. Mais il eft très-
difficile de procurer cette vitrification
des métaux imparfaits qui font joints
avec l'Or & l'Argent,& même en quelque forte impoffible de la procurer entièrement , pour deux raifons : la première, párceque la plupart de ces métaux font par eux-mêmes très-diffi-
ciles à réduire en verre ; & la feconde ,
parceque l'union qu'ils ont contractée
avec les métaux parfaits les dérobe
en quelque forte à l'action du feu ,
& cela d'une manière d'autant plus
efficace que l'Or & l'Argent font en
plus grande proportion , parcequ'il
arrive que leurs parties font tellement
enveloppées par ces métaux indeftruc-
tibles, qu'ils leur fervent comme d'un
préfervatif & d'un deffenfif impéné-
trable à l'action du feu la plus violente.

L iij

De-là il fuit qu'on s'épargnera beaucoup de peine , & qu'on parviendra
même à amener l'Or & l'Argent à un
degré de pureté bien plus parfait
qu'on n'avoit pu faire fans cela , fi on
ajoute à un mélange de ces métaux,
avec le Cuivre par exemple , ou tout
autre métal imparfait , une certaine
quantité de Plomb. Car d'abord le
Plomb , par la propriété que nous lui
connoiffons , ne manquera pas de faciliter beaucoup la vitrification qu'on
defire ; en fecond lieu , comme il
augmente la quantité des métaux imparfaits , & diminue dans le mélange
la proportion des métaux parfaits ,
il eft évident qu'il enléve aux premiers une partie de leur préfervatif,
& en procure par-là une vitrification
plus complette. Enfin, comme le Verre
de Plomb a la propriété de paffer à
travers les creufets , & d'entraîner
avec lui les matières qu'il a vitrifiées,
il s'enfuit que lorfque la vitrification
des métaux imparfaits eft achevée par
fon moyen , toutes ces matières vitrifiées pénétrent le vaiffeau dans lequel la maffe métallique étoit en fu-

fion, difparoiffent, & laiffent l'Or &
l'Argent feuls, purs & débarraffés autant qu'ils peuvent l'être du mélange
de toutes parties hétérogènes.

Pour faciliter encore la féparation
de ces mêmes parties, on emploie ordinairement dans cette féparation de
petits creufets extrêmement poreux,
faits avec la cendre des os calcinés,
qui fe laiffent facilement pénétrer.
On les nomme Coupelles, à caufe de
leur figure, qui eft effectivement
comme une coupe évafée. C'eft de-
là que cette opération a pris fon nom ;
car lorfqu'on purifie l'Or & l'Argent
par ce moyen, cela s'appelle coupel-
ler ces métaux. On fent aifément que
plus la quantité de Plomb qu'on ajoû-
te eft grande, & plus le raffinage eft
exact ; & qu'on doit ajouter d'autant
plus de Plomb, que les métaux parfaits font alliés d'une plus grande
quantité de métaux imparfaits. Cette
épreuve eft la plus forte à laquelle
on puiffe mettre l'Or & l'Argent, &
on a droit de regarder comme tel,
tout métal qui la foutient.

Pour déterminer le dégré de pu-

LES MÉ-
TAUX.

LE PLOMB.

LA COU-
PELLE.

CARATS

L iv

reté de l'Or, on le fuppofe divifé en
24. parties qu'on nomme Carats ; &
l'Or qui eft abfolument pur & exempt
de tout alliage fe nomme Or au titre
de 24. Carats : celui qui contient $\frac{1}{24}$.
d'alliage, n'eft que de l'Or à 23. Carats:
celui qui contient $\frac{2}{24}$. d'alliage , n'eft
qu'à 22. Carats, & ainfi de fuite. A
l'égard de l'Argent, on le fuppofe divifé en douze parties , qu'on nomme
Deniers. Ainfi, lorfqu'il eft abfolument pur , on l'appelle Argent au titre de 12. Deniers : lorfqu'il con-
tient $\frac{1}{12}$. d'alliage , il n'eft qu'à onze
Deniers : lorfqu'il en contient $\frac{2}{12}$. il
n'eft qu'à dix , & ainfi de fuite.

Nous avons dit , en parlant du
Cuivre, que nous enfeignerions à l'article du Plomb le moyen de le féparer du Fer ; c'eft que ce procédé eft
fondé fur la propriété qu'a le Plomb
de ne jamais fe mêler & s'unir avec
le Fer , quoiqu'il diffolve facilement
toutes les autres fubftances métalliques. Si donc on a une maffe compofée de Cuivre & de Fer , il faut la
faire fondre avec une certaine quantité de Plomb , & pour lors le Cui-

vre qui a une plus grande affinité
avec le Plomb qu'il n'en a avec le
Fer, quittera ce dernier pour s'unir
avec l'autre, qui ne pouvant contracter aucune union avec le Fer,
comme nous venons de le dire, l'ex-
clura entièrement de ce nouveau
mélange. Il s'agit enfuite de féparer
le Plomb d'avec le Cuivre : cela fe
fait en expofant la maffe combinée
de ces deux métaux à un dégré de feu
capable d'enlever au Plomb fa forme
métallique ; mais trop foible pour
produire le même effet fur le Cuivre :
ce qui eft poffible, puifque le Plomb
eft après l'Etain celui de tous les métaux imparfaits qui fe calcine le plus
facilement, & qu'au contraire le Cuivre eft celui qui foutient l'action du
feu la plus forte & la plus longue,
fans perdre fa forme métallique. Ce
que l'on gagne à cette échange, c'eft-
à-dire, à féparer le Cuivre d'avec le
Fer pour l'unir au Plomb, c'eft que
le Plomb lui-même exigeant moins
de feu pour fa calcination que le Fer,
le Cuivre eft moins expofé à fe détruire. Car il faut obferver qu'il eft

difficile, quelque modéré que soit le feu, qu'il n'y en ait point une certaine quantité qui se calcine dans ce procédé.

Le Plomb fondu avec un tiers d'Etain, forme un composé qui exposé à un dégré de feu capable de le faire bien rougir, se gonfle, se tuméfie, paroît en quelque sorte s'enflammer, & se calcine aussitôt. Ces deux métaux mêlés ensemble se calcinent beaucoup plus promptement que lorsqu'ils sont seuls.

Le Plomb n'est point inaltérable, non plus que l'Etain, à l'eau & à l'air humide ; mais ils sont beaucoup moins dissolubles par ces menstrues que le Fer & le Cuivre. De-là vient qu'ils sont aussi beaucoup moins sujets à la rouille qu'eux. L'acide vitriolique attaque & dissout le Plomb, à peu près de la même manière que l'Argent.

A l'égard de l'acide nitreux, il dissout ce métal assés facilement, & en grande quantité. Si on ajoute de l'esprit de sel, ou même simplement du sel marin, à la dissolution de Plomb dans l'acide nitreux, il se fait aussitôt

un Précipité blanc , qui n'eſt autre LES ME-
choſe que le Plomb uni à l'acide du TAUX.
ſel marin. Ce Précipité a beaucoup LE PLOMB.
de reſſemblance au Précipité d'argent
fait de la même manière , que nous
avons nommé Lune cornée ; ce qui
lui a fait donner auſſi le nom de Plomb
corné. Il eſt , comme la Lune cornée ,
très-fuſible , & ſe réduit comme elle
en une eſpéce de corne : il eſt volatil ,
& peut ſe réduire par les matières inflammables combinées avec les alkalis.

Cette précipitation du Plomb diſſous dans l'eſprit de nitre , qui ſe fait
par l'eſprit de ſel , prouve que ce métal a une plus grande analogie avec
ce dernier acide qu'avec l'autre. Cependant , ſi on eſſaie de diſſoudre immédiatement le Plomb par l'acide du
ſel marin , la diſſolution ſe fait moins
facilement que par l'eſprit de nitre , &
elle eſt toujours imparfaite ; car il lui
manque une des conditions eſſentielles aux diſſolutions qui ſe font dans les
liqueurs , je veux dire la tranſparence.

Le Plomb tenu long-tems en ébullition dans une leſſive d'alkali fixe ,
ſe diſſout en partie.

LES MÉ-
TAUX.

LE PLOMB.

Le soufre le rend réfractaire & difficile à fondre ; & lorsqu'ils sont unis ensemble , il en résulte une masse friable. On voit par-là que le soufre agit sur le Plomb à peu près de la même manière que sur l'Etain ; c'est-à-dire , qu'il rend moins fusibles ces deux métaux , qui sont les plus fusibles de tous , tandis qu'il facilite extrêmement la fusion du Cuivre & du Fer , qui sont ceux qui se fondent le plus difficilement.

CHAPITRE VIII.

Du Vif-Argent.

LE VIF-
ARGENT.

NOus traitons du Vif-Argent dans un chapitre séparé , parceque cette substance métallique ne peut être rangée dans la même classe que les métaux proprement dits , & qu'elle a aussi des propriétés qui ne permettent point qu'on la confonde avec les demi-métaux. Ce qui empêche que le Vif-Argent ou Mercure (car les Chymistes le désignent le plus souvent sous ce dernier nom) ne soit réputé métal, c'est qu'il lui manque une des propriétés essentielles aux métaux, je veux dire la malléabilité. Lorsqu'il est pur & exempt de tout mélange, il est toujours fluide, & par conséquent non malléable. Mais comme d'un autre côté il possède éminemment l'opacité, le brillant, & surtout la pésanteur métallique, car après l'Or il est le plus pésant de tous les corps, on peut le regarder comme un vrai métal qui ne diffère des autres, qu'en ce qu'il est toujours en fusion, en supposant qu'il est fusible à un dégré de chaleur si petit, que quelque peu qu'il y en ait sur la terre, elle est toujours plus que suffisante pour le tenir en fusion, & qu'il deviendroit solide & malléable, s'il étoit possible de l'exposer à un dégré de froid assés considérable pour cela. Ce sont ces propriétés qu'il possède, qui empêchent qu'on ne le confonde avec les demi-métaux. Ajoutez à cela, que jusqu'à présent on n'a aucune expérience certaine qui prouve qu'on puisse le priver entièrement de son phlo-

LE VIF-ARGENT.

Le Vif- giftique, comme on en prive les mé-
Argent. taux imparfaits. Il eft vrai qu'on ne
peut point l'expofer à l'action du feu
comme on le veut ; car il eft fi volatil,
qu'il fe diffipe & s'exhale en vapeurs
à un dégré de feu beaucoup moindre
qu'il n'en faudroit pour le faire rougir. Les vapeurs du Mercure qui s'eft
ainfi exhalé par l'action du feu, re-
cueillies & raffemblées en certaine
quantité, fe trouvent être de véritable Mercure qui a confervé toutes fes
propriétés, & dans lequel aucune expérience n'a pu faire appercevoir la
moindre altération.

Mercure Si on expofe le Mercure à une cha-
Précipi- leur douce & incapable de le fubli-
té *per fe.* mer, ce qui s'appelle tenir en digef-
tion, & cela pendant plufieurs mois,
& même pendant un an, alors il fe
change en une poudre rouge, que les
Chymiftes ont nommée Mercure précipité *per fe.* Les Alchymiftes fe font
imaginé que par cette opération ils
avoient fixé le Mercure, & l'avoient
fait changer de nature, mais mal-à-
propos : car fi on expofe à un dégré
de feu un peu plus fort ce Mer-

cure ainsi changé en apparence, il se
sublime & s'exhale en vapeurs tout
comme à l'ordinaire; & ces vapeurs
rassemblées ne sont autre chose que
du Mercure coulant, qui a repris toutes ses propriétés sans aucune addition.

Le Mercure a la propriété de dissoudre & de s'unir à tous les métaux.
Il n'y a que le Fer seul qui soit à excepter. Ces combinaisons de métaux
avec le Mercure se nomment Amalgames. La trituration seule suffit pour
faire ces unions; il n'est pourtant pas
inutile d'y employer aussi un dégré de
chaleur convenable. Nous parlerons
de cela plus amplement dans les opérations.

Le Mercure amalgamé avec les métaux, leur donne une consistence mol-
le, & même fluide, suivant la proportion de Mercure qu'on emploie
pour cela. Les Amalgames s'amollis-
sent à la chaleur, & se durcissent au
froid.

Comme le Mercure est très-volatil,
& que les métaux les moins fixes sont
cependant infiniment plus fixes que

LE VIF-
ARGENT.
lui, il s'enfuit que le meilleur & le plus sûr moyen de le séparer d'avec les métaux qu'il tient en dissolution, est d'exposer l'Amalgame à un dégré de chaleur suffisant pour sublimer & faire évaporer tout le Vif-Argent : pour lors le métal reste sous la forme d'une poudre, qui étant fondue reprend sa malléabilité. Si on ne veut point perdre le Mercure dans cette occasion, on peut faire l'opération dans des vaisseaux fermés qui retiennent & rassemblent les vapeurs mercurielles. Ces opérations se pratiquent le plus souvent pour séparer l'Or & l'Argent d'avec les différentes espéces de terres & de sables dans lesquels ils sont mêlés dans les mines, parceque ces métaux, sur-tout l'Or, ont une valeur assés grande pour récompenser des pertes du Mercure qui sont inévitables, & que d'ailleurs comme ce sont eux qui s'amalgament le plus aisément avec lui, cette voie de les séparer de toute matière non métallique est très-facile & très-commode.

Le Mercure se dissout dans les acides ; mais avec des particularités propres

propres à chaque espéce d'acide.
L'acide vitriolique concentré s'empare de lui, & le réduit d'abord en
une espéce de poudre blanche, qui
jaunit lorsqu'on y ajoute de l'eau, &
se nomme Turbith minéral. Il y a
pourtant une partie du Mercure avec
laquelle l'acide vitriolique s'unit dans
cette occasion, de façon que le nouveau composé qui en résulte est dissoluble dans l'eau. Car si on ajoute
un alkali fixe à l'eau dont on s'est
servi pour laver le Turbith, il se fait
aussitôt un Précipité de couleur rous-
se, qui n'est autre chose que du Mercure.

Cette dissolution du Mercure par
l'acide vitriolique est accompagnée
d'un phénoméne très-remarquable ;
c'est que cet acide contracte une odeur
bien marquée d'esprit sulphureux volatil ; preuve sensible qu'une portion
du phlogistique du Mercure s'est unie
avec lui : & cependant si on dégage
le Mercure par un alkali fixe, il ne
paroît avoir souffert aucune altération.

L'acide nitreux dissout le Mercure

LE VIF-ARGENT.

PRE'CIPI-TE' ROUGE.

PRE'CIPI-TE' VERD.

avec facilité ; & la diffolution eft limpide & tranfparente. Si on la fait évaporer jufqu'à ficcité, le Mercure refte impregné d'acide, fous la forme d'une poudre rouge qu'on a nommée Précipité rouge, & Arcane corallin.

Si on mêle cette diffolution de Mercure avec celle de Cuivre faite auffi par l'acide nitreux ; & qu'on faffe évaporer de-même enfemble ces deux diffolutions, il refte une poudre verte qui a été nommée Précipité verd. Ces Précipités font cauftiques & rongeans ; on s'en fert en Chirurgie.

Quoique le Mercure fe diffolve plus parfaitement & plus facilement par l'acide nitreux que par celui du vitriol, il a cependant une plus grande affinité avec ce dernier qu'avec l'autre ; car fi on ajoute de l'acide vitriolique dans une diffolution de Mercure par l'efprit de nitre, le Mercure quitte cet acide qui le tenoit en diffolution, pour s'unir avec celui qu'on ajoute. La même chofe arrive, fi au-lieu d'acide vitriolique on ajoute celui du fel marin.

La combinaifon du Mercure avec

l'efprit de fel, forme un corps fingulier, qui eft un fel métallique qui fe
cryftalife en figures longues & poin-
tues comme des poignards. Ce fel
eft volatil, & fe fublime aifément
fans fe décompofer. Il eft d'ailleurs
le plus violent de tous les corrofifs
que la Chymie ait fait connoître jufqu'à préfent. On lui a donné le nom
de Sublimé corrofif, parcequ'effectivement il faut toujours le faire fublimer pour que la combinaifon foit parfaite. Il y a plufieurs manières de le
faire. On y réuffit toujours, pourvu
que le Mercure divifé & réduit en vapeurs rencontre celles de l'acide du
fel marin.

Le Sublimé corrofif ne fe diffout dans
l'eau qu'en petite quantité. Il fe décompofe par les alkalis fixes qui précipitent le Mercure en jaune rougeâtre, qui a été nommé à caufe de cela
Précipité jaune.

Si on mêle du Sublimé corrofif avec
de l'Etain, & qu'on les diftille enfemble, il en fort une liqueur qui envoie
continuellement une fumée épaiffe &
abondante, & qui a été nommée Li-

M ij

LE VIF-
ARGENT. queur fumante de Libavius, du nom
de son inventeur. Cette liqueur n'est
autre chose que l'Etain même qui s'est
combiné avec l'acide du sel marin du
Sublimé corrosif, & l'a par conséquent décomposé : d'où il suit que cet
acide a une plus grande affinité avec
l'Etain qu'avec le Mercure.

MERCURE
DOUX. L'acide du sel marin n'est pas entièrement saoulé de Mercure dans le
Sublimé corrosif : car il est capable
de s'en charger d'une beaucoup plus
grande quantité. Il n'y a qu'à le mêler exactement avec de nouveau Mercure, & le sublimer une seconde
fois ; on a par ce procédé un autre
composé contenant beaucoup plus de
Mercure, & qui n'a pas la même acrimonie : il se nomme par cette raison,
Mercure sublimé doux, Mercure
doux, *Aquila alba.* Cette combinaison peut être prise intérieurement,
& est purgative ou émétique, suivant
la dose.

PANACÉE
MERCU-
RIELLE. On peut encore l'adoucir davantage par des sublimations réïtérées,
& pour lors elle prend le nom de Panacée mercurielle. On n'a pu jusqu'à

préfent diffoudre le Mercure par l'Eau LE VIF-
régale, que difficilement & imparfai- ARGENT.
tement.

Le Mercure s'unit facilement & ÆTIOPS
intimement avec le foufre. Il fuffit MINE'RAL.
de triturer enfemble ces deux fubftances à une douce chaleur, ou même à froid, pour leur faire contracter une union, ou plutôt un commencement d'union. Ce mélange prend
la forme d'une poudre noire : ce qui
l'a fait nommer Ætiops minéral.

Si on veut que l'union foit plus CINNABRE.
intime & plus parfaite, il faut expofer ce compofé à une chaleur un peu
plus forte. Il fe fublime pour lors une
matière rouge, péfante, qui paroît
comme formée d'un amas d'aiguilles
brillantes : c'eft-là le compofé qu'on
defire ; il a été nommé Cinnabre. C'eft
particulièrement fous cette forme
qu'on trouve le Mercure dans les entrailles de la terre. Ce cinnabre réduit
en poudre très-fine, acquiert une
couleur rouge infiniment plus éclatante : il eft connu dans la peinture
fous le nom de vermillon.

Quoique le Mercure s'uniffe & fe

LE VIF-
ARGENT.

MERCURE
RE'VIVI-
FIE' DU
CINNABRE.

combine très - bien avec le foufre , comme nous venons de le dire , l'af- finité qu'il a avec lui eft cependant moindre que celle de tous les mé- taux , fi on en excepte l'Or : d'où il fuit qu'ils peuvent tous fervir à la décompofition du Cinnabre , en s'u- niffant avec le foufre , & débarraffant le Mercure qui reparoît fous fa for- me ordinaire. Ce Mercure ainfi fé- paré du foufre , paffe pour le plus pur : il porte le nom de Mercure révi- vifié du Cinnabre.

On emploie ordinairement le Fer pour faire cette opération , par pré- férence aux autres métaux , parce- qu'il eft celui de tous qui a le plus d'affinité avec le foufre , & le feul qui n'en ait aucune avec le Mercure.

On peut auffi décompofer le Cin- nabre par les alkalis fixes ; car ils ont en général une plus grande affinité avec le foufre qu'aucune fubftance métallique.

CHAPITRE IX.

Des Demi-Métaux.

LE Régul d'Antimoine est une substance métallique d'une couleur blanche assés éclatante. Il a le brillant, l'opacité & la pésanteur des Métaux ; mais il n'est aucunement malléable, & se pulvérise plutôt que de prêter & de s'étendre sous le marteau, ce qui le fait ranger dans la classe des Demi-Métaux. *(LE RÉGUL D'ANTIMOINE.)*

Il entre en fusion lorsqu'il est médiocrement rouge ; mais il ne résiste point, non plus que les autres Demi-Métaux, à la violence du feu, & se dissipe en fumée & vapeurs blanches qui s'attachent aux corps froids qu'elles rencontrent, & se ramassent en une espéce de farine qu'on nomme Fleurs d'Antimoine. *(FLEURS D'ANTIMOINE.)*

Si au-lieu d'exposer le Régul d'Antimoine au grand feu, on ne lui donne qu'un dégré de chaleur assés foible pour ne le pas même faire entrer en *(CHAUX D'ANTIMOINE.)*

fusion, il se calcine, perd son phlogistique, & prend la forme d'une poudre grise, sans aucun brillant, qui se nomme Chaux d'Antimoine.

Cette Chaux n'est pas volatile comme le Régul, & est capable de soutenir un feu très-violent. Si on l'y expose, elle entre en fusion, & se convertit en un verre qui a une couleur jaune d'hyacinte.

Il faut remarquer que plus on a calciné long-tems le Régul ; plus par conséquent on lui a fait perdre de son phlogistique, & plus la chaux qui en résulte est réfractaire. Le Verre est pour lors moins coloré, & approche davantage du verre ordinaire.

La Chaux & le Verre d'Antimoine peuvent reprendre leur forme métallique, comme toutes les autres chaux & verres des métaux, si on en fait la réduction, en leur rendant le phlogistique qu'ils ont perdu. Mais si on a poussé la calcination trop loin, la réduction est beaucoup plus difficile, & on révivifie une bien moindre quantité de Régul.

Le Régul d'Antimoine peut dissoudre

dre les métaux ; mais avec différens
dégrés d'affinités dont voici l'ordre.
Celui de tous avec lequel il a un plus
grand rapport est le Fer, ensuite le
Cuivre, puis l'Etain, le Plomb, &
l'Argent. Il facilite la fusion des métaux, mais il les rend tous fragiles &
cassans. Lorsqu'il est uni avec eux &
qu'on pousse le mélange au feu, il a
la propriété de les enlever avec lui,
& de les faire dissiper entièrement en
vapeurs ; de-là vient qu'il a été nommé le Loup dévorant des métaux. Il
n'y a que l'Or qui puisse résister à son
action ; d'où il suit qu'on peut purifier
l'Or par son moyen.

Il ne peut point s'amalgamer avec
le Mercure, & si l'on parvient par
certains procédés, particulièrement
en ajoutant de l'eau & triturant beaucoup, à faire contracter à ces deux
substances une espéce d'union, elle
n'est qu'apparente & momentanée ;
car lorsqu'elles sont abandonnées à elles-mêmes & au repos, elles se séparent & se désunissent bientôt. (a)

LES DE-
MI-ME-
TAUX.

LE RE'GUL
D'ANTI-
MOINE.

____

(a) M. Malouin, Docteur en Médecine de
la Faculté de Paris, & Membre de l'Académie

N

LES DE-
MI - ME-
TAUX.

LE RÉGUL
D'ANTI-
MOINE.

BEURRE
D'ANTI-
MOINE.

Le Régul d'Antimoine est dissous par l'acide vitriolique, en employant le secours de la chaleur, & même de la distillation. L'acide nitreux attaque aussi ce demi-métal; mais de quelque manière qu'on s'y prenne, on ne peut parvenir à rendre cette dissolution claire & limpide ; cet acide ne fait en quelque forte que calciner le Régul.

L'acide du sel marin le dissout assés bien ; mais il faut pour cela qu'il soit très-concentré, & employer des procédés particuliers, & sur-tout la distillation. Une des meilleures méthodes pour parvenir à bien combiner ensemble l'acide du sel marin & le Ré-

des Sciences, est cependant parvenu à unir ensemble ces deux substances métalliques ; mais c'est par l'intermède du soufre. C'est-à-dire, que c'est l'Antimoine même qu'il a combiné avec le Mercure. Cette combinaison se fait comme l'Æthiops minéral, ou à froid par la simple trituration, ou par le moyen de la fusion. Elle ressemble à l'Æthiops ordinaire, & M. Malouin l'a nommée Æthiops antimonial. Il a remarqué que le Mercure uni à l'Antimoine par la fusion se combine avec lui bien plus intimement que par la seule trituration.

gul d'Antimoine, est de mêler ce dernier en poudre avec du Sublimé corrosif, & de distiller le tout. Il s'éléve dans la distillation une substance blanche, épaisse & peu coulante, qui n'est autre chose que le Régul d'Antimoine uni & combiné avec l'acide du sel marin. Ce composé est extrêmement corrosif, & se nomme Beurre d'Antimoine.

Il est clair que dans ce cas le Sublimé corrosif se décompose ; que le Mercure se révivifie, & que l'acide qui étoit combiné avec lui le quitte, pour s'unir avec le Régul d'Antimoine avec lequel il a une plus grande affinité. Le Beurre d'Antimoine acquiert par des distillations réitérées beaucoup de fluidité & de limpidité. Si on mêle de l'acide nitreux avec le Beurre d'Antimoine, & qu'on distille le tout, il en sort une liqueur acide ou espéce d'Eau régale qui tient encore du Régul en dissolution, & qui a été nommée Esprit de nitre bésoardique. Il reste après la dissolution une matière blanche, sur laquelle on fait passer de nouvel esprit de nitre qu'on

N ij

lave enfuite avec de l'eau , & qui a le nom de Béfoard minéral.

Si on mêle le Beurre d'Antimoine avec de l'eau , il devient auffitôt trouble & laiteux ; & il fe forme un Précipité qui n'eft autre chofe que la partie métallique féparée de fon acide, qui eft devenu par l'addition de l'eau , trop foible pour la tenir en diffolution. Ce Précipité retient cependant une affés grande quantité d'acide , ce qui eft caufe qu'il eft encore un corrofif violent & un grand poifon : on l'a nommé , mais très-improprement, Mercure de vie.

Le véritable diffolvant du Régul d'Antimoine eft l'Eau régale. On parvient par fon moyen à faire de ce demi-métal une diffolution claire & limpide.

Le Régul d'Antimoine mêlé avec le nitre , & projetté dans un creufet rouge , l'enflamme & le fait détonner. Comme c'eft par le moyen de fon phlogiftique qu'il produit cet effet, il s'enfuit qu'il doit fe calciner en même-tems , & perdre fes propriétés métalliques ; auffi cela arrive-t'il : &

si la dose du nitre a été triple de celle du Régul, la calcination de ce dernier est si parfaite, qu'il ne reste plus qu'une poudre blanche qui entre en fusion très-difficilement, & se convertit en un verre peu coloré qui approche beaucoup du verre ordinaire, & qu'on ne peut plus réduire en Régul par l'addition des matières inflammables, ou du moins dont on ne peut réduire qu'une très-petite quantité. Si on a employé moins de nitre, la chaux est moins blanche, & le verre qu'elle produit ressemble davantage à un verre métallique & se réduit plus aisément. Cette chaux de Régul ainsi préparée par le nitre, se nomme à cause des vertus médicinales qu'on lui attribue, Antimoine diaphorétique, ou Diaphorétique minéral.

Le nitre dans cette occasion, comme toutes les fois qu'on le fait détonner, s'alkalise, & cet alkali retient avec lui une portion de la chaux, qu'il rend même dissoluble dans l'eau. On peut séparer cette chaux de l'alkali, en la précipitant par le moyen d'un acide ; on lui donne le nom de Matière perlée.

Le Régul d'Antimoine se joint & se combine facilement avec le soufre, & forme avec lui un composé qui a le brillant métallique, mais très-obscur. Ce composé paroît un amas de longues aiguilles appliquées latéralement les unes aux autres. C'est sous cette forme qu'il se trouve ordinairement dans les mines, ou du moins lorsqu'on l'a séparé par une simple fusion d'avec les pierres & les terres avec lesquelles il est mêlé. On le nomme Antimoine.

L'Antimoine entre en fusion à un dégré de feu modéré, & devient même plus fluide que les autres substances métalliques. L'action du feu dissipe & consume le soufre qu'il contient, & même son phlogistique, en sorte qu'il peut se convertir en chaux & en verre, de-même que le Régul.

L'Eau régale qui est comme nous l'avons dit le dissolvant propre du Régul d'Antimoine, versée sur l'Antimoine, attaque & dissout la partie réguline, & ne touche aucunement

au soufre : elle décompose par conséquent l'Antimoine, & sépare son soufre d'avec le Régul.

Il y a encore plusieurs autres moyens
d'opérer cette décomposition , & d'a-
voir seule la partie réguline de l'Antimoine ; car quoique l'affinité du
Régul avec le soufre soit assés grande , elle est cependant moindre que
celle qu'ont avec ce même soufre tous
les métaux , excepté l'Or & le Mercure.

Si donc on fait fondre avec l'Antimoine , le Fer , le Cuivre , le Plomb ,
l'Argent ou l'Etain , celui de ces métaux qu'on aura employé pour cela ,
se joindra avec le soufre , & en sépa-
rera le Régul d'Antimoine.

Il faut remarquer que comme ces
métaux ont aussi de l'affinité avec le
Régul d'Antimoine , il arrive dans
cette opération qu'une partie du métal précipitant , (c'est ainsi qu'on
nomme les substances qui servent
d'interméde pour en séparer deux autres l'une de l'autre) se joint avec le
Régul , ce qui est cause qu'il n'est pas
absolument pur. C'est pour cette rai-

son qu'on a soin d'ajouter au Régul fait par cette méthode le nom du métal qui a servi à le précipiter ; d'où sont venus les noms de Régul d'Antimoine martial, ou simplement Régul martial, Régul de vénus, & ainsi des autres.

Si on mêle ensemble parties égales de nitre & d'Antimoine, & qu'on expose le mélange à l'action du feu, il se fait une grande détonnation ; le nitre s'enflamme, consume le soufre de l'Antimoine, & même une partie de son phlogistique. Il reste après la détonnation une matière grise qui contient du nitre fixé, & la portion réguline de l'Antimoine privée en partie de son phlogistique, & qui par l'action du feu considérablement augmentée lors de l'inflammation, s'est à demi-vitrifiée : on nomme ce résultat Saffran des métaux, ou Foie d'Antimoine.

Si au-lieu de parties égales de nitre, on en met deux parties sur une partie d'Antimoine, alors la partie réguline perd beaucoup plus de son phlogistique, & reste sous la forme d'une poudre jaunâtre.

Si enfin il y a trois parties de nitre
contre une d'antimoine, alors le Régul est dépouillé entièrement de son
phlogistique, & réduit en une chaux
blanche qui porte le nom d'Antimoine diaphorétique ou de Diaphorétique
minéral. On peut précipiter par le
moyen d'un acide, en le versant sur
les matières salines qui restent après
cette détonnation, la matière perlée,
de-même que nous avons vu que cela
se fait avec le Régul.

Dans ces deux dernières opérations, où la proportion du nitre est
double ou triple de celle de l'Antimoine, la partie réguline après la
détonnation, se trouve réduite simplement en chaux, & non pas en matière demi-vitrifiée, comme nous
avons vu que cela arrive si on ne met
que parties égales de nitre & d'Antimoine. La raison de cette différence,
est que dans ces deux cas la partie
réguline étant privée entièrement ou
presque entièrement de son phlogistique, devient, comme nous l'avons
dit, plus difficile à mettre en fusion,
& par conséquent ne peut commen-

cer à se vitrifier au même dégré de chaleur que celle qui n'a pas tant perdu de son phlogistique. Si au-lieu de faire détonner ensemble simplement parties égales de nitre & d'Antimoine, on y ajoute aussi une partie de quelque substance qui contienne abondamment du phlogistique, il n'y a pour lors que le soufre de l'Antimoine qui se consume, & le Régul demeure uni à son phlogistique & séparé de son soufre.

Le Régul préparé par cette méthode est absolument pur, parcequ'on n'y emploie aucune substance métallique qui puisse se mêler avec lui & l'altérer : il porte le nom de Régul d'Antimoine simple, ou simplement celui de Régul d'Antimoine.

Il est vrai qu'il n'est pas possible d'empêcher que dans cette opération, il n'y ait une assés grande quantité de la partie réguline qui perde son phlogistique & qui se calcine, & que par conséquent on retire par cette voie une quantité de Régul bien moindre qu'en employant les intermédes métalliques ; mais il est facile de réparer

cette perte si on le juge à propos, en
rendant du phlogistique à ce qui a été
calciné dans l'opération.

L'Antimoine fondu avec deux parties d'alkali fixe, ne donne point de
Régul ; mais il est entièrement dissous
par ce sel, & forme avec lui une
masse d'un jaune rougeâtre.

La raison pour laquelle il ne se fait
aucun Précipité dans cette occasion,
c'est que l'alkali s'unissant au soufre
de l'Antimoine, forme avec lui la combinaison que nous avons nommé foie
de soufre, qui est capable de tenir
elle-même en dissolution la partie réguline. Cette masse formée de l'union
de l'Antimoine & de l'alkali est dissoluble dans l'eau. Si on mêle un acide
quelconque avec cette dissolution, il
se fait un Précipité d'un jaune rouge,
parceque cet acide s'unit avec l'alkali, & l'oblige à quitter les matières
avec lesquelles il étoit uni : ce Précipité s'appelle Soufre doré d'Antimoine.

Comme dans l'opération par laquelle on fait le Régul simple d'Antimoine, une partie du nitre s'alka-

LES DE-
MI-ME-
TAUX.

L'ANTI-
MOINE.

LE KER-
MES MINÉ-
RAL.

lise avec les matières inflammables qu'on y ajoute, cet alkali se saisit d'une portion de l'Antimoine, & forme avec lui un composé semblable à celui que nous venons de décrire. De-là vient que si on dissout dans l'eau les scories qui se forment dans ce procédé, & qu'on mêle un acide avec cette dissolution, on en sépare un véritable Soufre doré d'Antimoine.

On peut faire aussi cette union de l'alkali avec l'Antimoine, par la voie humide ; c'est-à-dire, en employant un alkali resous en liqueur, & le faisant bouillir avec ce minéral. La liqueur alkaline, à mesure qu'elle attaque l'Antimoine, devient rougeâtre & trouble. Si lorsqu'elle en est bien chargée on la laisse refroidir en repos, elle dépose peu à peu ce qu'elle a dissou de l'Antimoine, qui se précipite sous la forme d'une poudre rouge, qui est un reméde trè-sfameux & connu sous le nom de Kermès minéral. Ce Précipité est comme on voit à peù près la même chose que le Soufre doré. Il en différe cependant à quelques égards, principalement par

ceque pris intérieurement , il agit *Les De-*
d'une manière beaucoup plus douce *mi-Me-*
que le Soufre doré, qui eſt un violent *taux.*
émétique. On ſe ſert toujours pour *L'Anti-*
faire le Kermès, du nitre fixé par les *moine.*
charbons reſous en liqueur.

Nous avons vu plus haut que le *Cinna-*
Régul d'Antimoine mêlé & diſtillé *bre d'An-*
avec le ſublimé corroſif, le décompo- *timoine.*
ſe, dégage le Mercure, & s'unit lui-
même avec l'acide du ſel marin, pour
former avec lui une nouvelle combinaiſon que nous avons nommée Beurre
d'Antimoine. Si on fait la même opération avec l'Antimoine au-lieu de
Régul, la même choſe arrive : mais
pour lors l'Antimoine eſt auſſi décompoſé ; c'eſt-à-dire, que la partie réguline ſe ſépare du ſoufre, qui étant
devenu libre, s'unit au Mercure qui
l'eſt auſſi, & forme avec lui un véritable cinnabre qu'on a nommé Cinnabre d'Antimoine.

Le Biſmuth, connu auſſi ſous le nom *Le Bis-*
d'Etain de glace, eſt un demi-métal *muth.*
qui a à peu près la même apparence
que le Régul d'Antimoine. Cependant
il a un œil moins blanc , & tirant un

peu fur le rouge , ou même faifant quelques iris, fur-tout lorfqu'il a été long-tems expofé à l'air.

Lorfqu'on l'expofe au feu , il entre en fufion long-tems avant d'être rouge , & par conféquent à une moindre chaleur que le Régul d'Antimoine, qui ne fe fond , comme nous l'avons dit , que lorfqu'il commence à rougir. Il fe volatilife comme tous les autres demi-métaux lorfqu'il fouffre un feu violent : tenu en fufion à un dégré de feu convenable , il perd fon phlogiftique & fa forme métallique , & fe change en une poudre ou chaux , qui elle-même fe convertit en verre par l'action du feu. La chaux & le verre de Bifmuth fe réduifent comme les autres chaux métalliques , en leur rendant du phlogiftique.

Le Bifmuth fe mêle par la fufion avec tous les métaux , & même facilite la fufion de ceux qui ne fe fondent point aifément. Il les blanchit lorfqu'il eft uni avec eux , & leur enléve la malléabilité.

Il peut s'amalgamer avec le Mercure , lorfqu'on les broie enfemble en y ajoutant de l'eau ; mais après un certain tems, ces deux substances métalliques se séparent, & le Bismuth reparoît sous la forme d'une poudre. On voit par-là que l'union qu'il contracte avec le Mercure n'est pas parfaite ; cependant il a la propriété singulière d'atténuer le Plomb & de le disposer de manière qu'il s'amalgame ensuite avec le Mercure beaucoup plus parfaitement, & de telle sorte qu'il peut passer par la peau de chamois sans se séparer. Le Bismuth qu'on a fait entrer dans cet amalgame s'en sépare ensuite de lui-même, à son ordinaire ; mais le Plomb reste toujours uni au Mercure, & conserve la même propriété.

L'acide vitriolique ne dissout point le Bismuth ; son vrai dissolvant est l'acide nitreux, qui le dissout avec violence, & en faisant élever une grande quantité de vapeurs.

Le Bismuth dissous dans l'acide nitreux est précipité non-seulement par les alkalis ; mais même par l'addition de l'eau seule. Ce Précipité est très-blanc, & est connu sous le nom de Magister de Bismuth.

LES DE-
MI-ME-
TAUX.
LE BIS-
MUTH.

MAGIS-
TER DE
BISMUTH.

L'acide du fel marin & l'Eau régale attaquent auffi le Bifmuth, mais avec moins de violence.

Ce demi-métal ne détonne point fenfiblement avec le nitre ; cependant il eft promptement dépouillé de fon phlogiftique, & réduit en une chaux vitrifiable, lorfqu'on le traite avec ce fel. Il s'unit facilement avec le foufre par la fufion, & forme avec lui un compofé qui paroît formé d'aiguilles appliquées les unes aux autres.

On peut le féparer du foufre auquel il eft joint, en l'expofant fimplement au feu, & fans aucune addition ; le foufre fe confumant ou fe fublimant, & laiffant le Bifmuth feul : en quoi il différe du Régul d'Antimoine qui, comme nous l'avons vu, a befoin d'intermédes pour le féparer du foufre. Cela vient apparemment de ce que le Bifmuth eft moins volatile que le Régul d'Antimoine, & a une moindre affinité avec le foufre.

Le Zinc ne différe pas beaucoup à la vue du Bifmuth, il a même été confondu

confondu avec lui par plusieurs Auteurs. Cependant , outre qu'il a un
petit œil bleuâtre & qu'il a plus de
dureté , il en diffère essentiellement
par ses propriétés , comme nous l'allons voir. Ces deux substances métalliques ne se ressemblent presque que
par les qualités communes à tous les
demi-métaux.

Le Zinc exposé au feu, s'y fond aussitôt qu'il commence à rougir ; & si on
augmente le feu considérablement, il
s'enflamme & brule comme une matière huileuse : preuve de la grande
quantité de phlogistique qui entre
dans sa composition. Il exhale en
même-tems une grande quantité de
fleurs qui s'élévent en l'air sous la
forme de floccons blancs , & qui vol-
tigent comme des corps très-légers :
toute la substance du Zinc peut se réduire sous cette forme. On a donné
plusieurs noms à ces fleurs , comme
ceux de Pompholix, de Laine Philosophique. On croit qu'elles ne sont
que le Zinc même dépouillé de son
phlogistique ; cependant personne n'a
pu jusqu'à présent les faire reparoître

O

sous la forme de Zinc en leur rendant le phlogistique. Quoiqu'elles s'é-
lévent en l'air lors de la calcination
du Zinc avec une très-grande facilité,
si on les expose ensuite au feu, elles
sont très-fixes, & même peuvent se
vitrifier, sur-tout si on les joint avec
quelqu'alkali fixe.

Le Zinc s'unit avec toutes les substances métalliques, excepté avec le
Bismuth. Il a la propriété singulière
de pouvoir s'allier avec le Cuivre,
même en assés grande quantité, comme à la dose d'un quart, sans enlever à ce métal beaucoup de sa ductilité, & de lui communiquer en même-tems une très-belle couleur appro-
chante de celle de l'Or : c'est ce qui
est cause qu'on fait souvent cet alliage, qui produit ce qu'on appelle
Cuivre jaune ou Léton.

Il faut remarquer pourtant que le
Léton n'a de ductilité que lorsqu'il
est froid, encore faut-il que le Zinc
qu'on emploie pour le faire soit très-
pur; autrement il ne produit que des
Tombacs & Similors, qui n'ont point
la même malléabilité.

Le Zinc est très-volatil , & emporte
avec lui les substances métalliques
avec lesquelles il est en fusion ; il en
fait des espéces de sublimés. Dans les
fourneaux où l'on traite les mines
qui en contiennent , on appelle ces
sortes de sublimés , Cadmie des fourneaux , pour la distinguer de la Cadmie naturelle qu'on appelle aussi Ca-
lamine , ou Pierre calaminaire , qui
est à proprement parler une mine de
Zinc contenant beaucoup de ce demi-
métal avec du Fer & une substance
pierreuse. Les sublimations métalliques
qui se font par le moyen du Zinc ne
sont point les seules ausquelles on
donne le nom de Cadmie des fourneaux ; on appelle de-même en général , toutes les sublimations métalliques qui se trouvent dans les fourneaux dans lesquels on traite les
mines.

Si on applique au Zinc une chaleur violente & subite , il se sublime
avec sa forme métallique, n'ayant pas
le tems de se brûler & de se réduire
en fleurs.

Ce demi-métal est dissoluble dans

LES DE-MI-ME-TAUX. tous les acides, & sur-tout dans l'esprit de nitre, qui l'attaque & le dissout avec une très-grande violence.

LE ZINC. Le Zinc a plus d'affinité avec l'acide vitriolique que le Fer & le Cuivre,

VITRIOL DE ZINC. c'est pourquoi il décompose les vitriols verds & bleus en précipitant ces deux métaux, & s'unissant avec l'acide vitriolique, avec lequel il forme un sel métallique, ou vitriol qui s'appelle Vitriol de Zinc.

Le nitre mêlé avec le Zinc & projetté dans un creuset rouge, détonne violemment, & il s'éléve pendant la détonnation une grande quantité de fleurs blanches, les mêmes que celles qui paroissent lorsqu'il se consume tout seul.

Le soufre n'a point d'action sur le Zinc.

Messieurs Hellot & Malouin ont beaucoup travaillé sur ce demi-métal. On peut voir leurs recherches dans les Mémoires de l'Académie des Sciences.

LE RÉGUL D'ARSÉNIC. Le Régul d'Arsénic est le plus volatil des demi-métaux. Il s'exhale & se dissipe entièrement en vapeurs, à

une chaleur très-modérée ; c'est ce qui
est cause qu'on ne peut le mettre en
fufion & en avoir des masses considérables. Il a une couleur métallique un
peu plombée, mais il perd promptement son brillant lorsqu'il est exposé
à l'air.

LES DE-
MI - ME-
TAUX.

LE RÉGUL.
D'ARSÉNIC.

Il s'unit assés facilement avec les
substances métalliques, & a avec elles à peu près les mêmes affinités que
le Régul d'Antimoine. Il les rend fragiles & cassantes. Il a aussi la propriété
de les rendre volatiles, & facilite
beaucoup leur scorification.

Il perd lui-même très-facilement
son phlogistique & sa forme métallique. Lorsqu'on l'expose au feu, il se
sublime en une espéce de chaux brill-
lante & crystaline, qui ressemble plus
à cause de cela à une matière saline
qu'à une chaux métallique : cette
chaux ou ces fleurs se nomment Arsénic blanc, crystalin, & le plus souvent simplement Arsénic.

L'ARSÉNIC.

Cette substance a des propriétés
très-singulières, & qui s'éloignent
beaucoup de toutes celles des autres
chaux métalliques. Elle a été encore

peu examinée , & j'ai entrepris un travail pour découvrir sa nature , dont on verra le détail dans les Mémoires de l'Académie des Sciences.

L'Arsénic différe des autres chaux métalliques , premièrement , en ce qu'il est très-volatil , & que les chaux des substances métalliques , même celles des demi-métaux les plus volatils , tels que le Régul d'Antimoine & le Zinc sont très-fixes ; & en second lieu , en ce qu'il a un caractère salin qu'on ne trouve dans aucune chaux métallique.

Ce caractère salin se manifeste , premièrement, en ce que l'Arsénic est dissoluble dans l'eau ; secondement, par sa qualité corrosive qui le rend un des plus violens poisons ; qualité que n'ont point les autres substances métalliques , à moins qu'elles ne soient combinées avec quelque matière saline. Il faut pourtant en excepter le Régul d'Antimoine ; mais les meilleurs Chymistes conviennent que ce demi-métal , ou approche de la nature de l'Arsénic , ou en contient lui-même une portion qui est

combinée avec lui. D’ailleurs fes qua- LES DI-
lités venimeufes ne fe manifeftent ja- MI - ME-
mais mieux que lorfqu’il eft combiné EAUX.
avec quelqu’acide. Troifiémement, L’ARSÉNIC
enfin, l’Arfénic agit fur le nitre de la
même manière que l’acide vitriolique ;
c’eft-à-dire, qu’il décompofe ce fel
neutre, en débarraffant fon acide de
fa bafe alkaline, avec laquelle il fe
joint lui-même & forme un nouveau
compofé falin.

Cette combinaifon eft une efpéce NOUVEAU
de fel parfaitement neutre. Lorfqu’on SEL NEUTRE
la fait dans des vaiffeaux fermés, ce ARSÉNICAL.
fel fe cryftalife fous la forme de prif-
mes quadrangulaires rectangles, ter-
minés à chaque bout par des pyrami-
des auffi quadrangulaires rectangles,
dont quelques-unes cependant fe ter-
minent par une arête, au lieu de fe terminer en pointe. Il n’en eft pas de
même lorfqu’on la fait à feu ouvert ;
car pour lors on n’obtient qu’un fel
alkali chargé d’Arfénic, qui ne peut
fe cryftalifer.

La raifon de cette différence eft
que l’Arfénic une fois engagé dans
la bafe alkaline du nitre, ne peut ja-

LES DE-
MI-ME-
TAUX.

L'ARSÉNIC.

mais en être séparé par l'action du feu, quelque violente qu'elle soit, tant qu'on le tient dans des vaisseaux fermés; au-lieu que lorsqu'on l'expose au feu sans cette précaution, il s'en sépare assés facilement. Cette propriété de l'Arsénic n'avoit encore été apperçue jusqu'à présent par aucun Chymiste : de-là vient qu'on ne connoissoit aussi nullement cette nouvelle espéce de sel neutre Arsénical.

Ce nouveau sel a un grand nombre de propriétés singulières, dont voici les principales. Premièrement, il ne peut être décomposé par l'interméde d'aucun acide, même de l'acide vitriolique le plus fort ; ce qui, joint à la propriété de dégager l'acide nitreux de sa báse, montre qu'il a avec les alkalis fixes une très-grande affinité.

Secondement, ce même sel sur lequel les acides purs n'ont point d'action, est décomposé avec la dernière facilité par les acides unis avec les substances métalliques. La raison de ce phénoméne est des plus curieuses, & nous servira à donner un exemple
de

de ce que nous avons dit des doubles affinités.

Si à une dissolution d'une substance métallique quelconque, faite par un acide quelconque, (excepté celle du Mercure par l'acide marin, & celle de l'Or par l'Eau régale) on mêle une certaine quantité du nouveau Sel dissous dans l'eau, la substance métallique est dans l'instant du mêlange séparée de l'acide qui la tenoit en dissolution, & précipitée au fond de la liqueur.

Tous les Précipités métalliques faits par ce moyen se trouvent être une combinaison du métal avec l'Arsénic, d'où il faut nécessairement conclure que dans cette occasion le nouveau Sel neutre a été décomposé, sa partie arsénicale s'étant combinée avec la substance métallique, & sa base alkaline avec l'acide qui tenoit le métal en dissolution.

Voici comment il faut concevoir le jeu des affinités dans cette occasion. Les acides qui tendent à décomposer le Sel neutre arsénical en vertu de l'affinité qu'ils ont avec sa base al

P.

kaline, ne le peuvent faire parceque cette affinité eſt puiſſamment contrebalancée par celle qu'a l'Arſénic avec ces mêmes alkalis, qui eſt égale ou même ſupérieure à la leur. Mais ſi ces acides ſe trouvent joints avec une ſubſtance qui ait de ſon côté une très grande affinité avec la partie arſénicale du Sel neutre, pour lors les deux parties qui compoſent ce Sel, ſe trouvant ſollicitées par deux affinités qui tendent à les ſéparer l'une de l'autre, ce même Sel éprouvera une décompoſition à laquelle on ne ſeroit pas parvenu ſans le ſecours de cette ſeconde affinité. Or les ſubſtances métalliques ayant beaucoup d'affinité avec l'Arſénic, il n'eſt pas ſurprenant que le Sel neutre Arſénical qui ne peut être décompoſé par les acides purs, le ſoit par les acides combinés avec les métaux. La décompoſition de ce Sel, & la précipitation qu'il opére en conſéquence dans les diſſolutions métalliques arrivent donc par le moyen d'une double affinité, ſçavoir celle de l'acide avec la baſe alkaline du Sel neutre, & celle du métal avec fon principe arfénical.

L'Arfénic n'a pas fur le Sel marin la même action que fur le nitre, & ne peut dégager fon acide ; phénoméne très-fingulier, & dont il eſt très-difficile de rendre raifon ; car on fçait que l'acide nitreux a plus d'affinité avec les alkalis, même avec la bafe du fel marin, que n'en a l'acide marin lui-même.

On peut cependant combiner l'Arfénic avec la bafe du Sel marin, & faire avec elle un Sel neutre femblable à celui qui réfulte de la décompofition du nitre par l'Arfénic ; mais il faut pour cela former un nitre quadrangulaire, & le traiter avec l'Arfénic comme le nitre ordinaire.

Le Sel produit par la combinaifon de l'Arfénic avec la bafe du Sel marin reffemble fort au Sel neutre arfénical dont nous venons de parler, tant par la figure de fes cryſtaux que par fes différentes propriétés.

L'Arfénic préfente encore un phénoméne fingulier, tant avec l'alkali du nitre qu'avec celui du Sel marin ; c'eſt que fi on le combine avec ces

Sels resous en liqueur, il forme avec eux un composé salin, tout différent des Sels neutres arsénicaux résultans de la décomposition des Sels nitreux.

Ce composé salin que je nomme Foie d'Arsénic, peut se charger d'une quantité d'Arsénic beaucoup plus considérable qu'il n'est nécessaire pour saouler entièrement l'alkali. Il prend la forme d'une colle, d'autant plus épaisse qu'il contient plus d'Arsénic. Son odeur est désagréable ; il attire l'humidité de l'air, & ne se crystalise point ; il est facilement décomposé par un acide quelconque, qui précipite l'Arsénic & s'unit à l'alkali. Enfin, il présente d'autres phénoménes avec les dissolutions métalliques que nos Sels neutres arsénicaux. Mais les bornes que je me suis prescrites dans ce livre ne me permettent pas d'entrer dans de plus longs détails. Ceux qui seront curieux d'en sçavoir davantage sur cette matière, pourront consulter les Mémoires que j'ai donnés sur l'Arsénic, insérés dans le Recueil de ceux de l'Académie des Sciences.

L'Arſénic ſe réduit facilement en Régul. Il ſuffit qu'on le mêle avec quelque matière qui contienne du phlogiſtique, & à l'aide d'une chaleur très-modérée, il ſe ſublime en vrai Régul. Ce Régul, comme nous l'avons déja dit, eſt très-volatil, & ſe calcine avec la dernière facilité : c'eſt ce qui eſt cauſe qu'on ne peut l'avoir qu'en petite quantité, & qu'on a imaginé pour l'avoir en maſſe, d'ajouter quelque métal avec lequel il ait beauconp d'affinité, tel que le Cuivre ou le Fer, parceque pour lors il ſe joint avec ces métaux qui le retiennent & le fixent en partie : mais on ſent aſſés que le Régul fait par ce moyen n'eſt pas pur, & qu'il participe beaucoup du métal qu'on a employé.

L'Arſénic ſe joint facilement avec le ſoufre, & ſe ſublime avec lui en un compoſé de couleur jaune qu'on nomme Orpin ou Orpiment.

Il n'y a que deux intermédes qui puiſſent ſéparer le ſoufre de l'Arſénic, ſçavoir les alkalis fixes, & le Mercure.

LES DE-
MI-ME-
TAUX.
L'ARSÉNIC.

L'ORPI-
MENT.

P iij

Cette propriété qu'a le Mercure de séparer le soufre de l'Arsénic, est fondée sur ce que ces deux substances métalliques ne peuvent contracter ensemble aucune union ; au-lieu que tous les autres métaux & demi-métaux, quoique pour la plupart ils ayent avec le soufre une plus grande affinité que le Mercure, comme nous l'avons vu à l'occasion de la décomposition du cinnabre, sont cependant hors d'état de décomposer l'Orpiment, parceque les uns ont autant d'affinité avec l'Arsénic qu'avec le soufre ; que les autres n'en ont ni avec l'un ni avec l'autre, ou qu'enfin le soufre a un aussi grand rapport avec l'Arsénic qu'avec eux.

Il faut observer, si on se sert des alkalis fixes pour dépurer ainsi l'Arsénic, de n'en employer que la juste proportion qui est nécessaire pour absorber le soufre ou le phlogistique ; (car ils ont aussi la propriété de l'enlever à l'Arsénic) autrement, comme nous avons vu que l'Arsénic se joint très-facilement avec eux, ils en absorberoient une grande quantité.

CHAPITRE X.

De l'Huile en général.

L'Huile est une substance onc-
tueuse, inflammable avec fumée,
& indissoluble dans l'eau. Elle est
composée du phlogistique uni avec
l'eau par le moyen d'un acide. Il entre outre cela dans sa composition une
certaine quantité de terre, plus ou
moins grande, suivant les différentes
espéces d'Huile.

La présence du phlogistique dans
l'Huile est prouvée par son inflammabilité. Plusieurs expériences démontrent que l'acide est un de ses principes : voici les principales. Si on tri-
ture long-tems certaines Huiles avec
un Sel alkali, qu'on dissolve ensuite
cet alkali dans l'eau, il donne des
crystaux d'un véritable Sel neutre.
Quelques métaux, & en particulier le
cuivre, sont rongés & rouillés par les
Huiles, comme par les acides. Enfin
on trouve des crystaux acides dans des

Les
Huiles.

Huiles qu'on garde long-tems. Cet acide de l'Huile fert fans doute à unir le phlogiftique avec l'eau, qui n'ayant enfemble aucune affinité, ont befoin pour s'unir d'un interméde tel que l'acide, qui a de l'affinité avec l'un & l'autre de ces principes. A l'égard de l'eau, on la retire des Huiles en les décompofant par des diftillations réitérées qu'on leur fait fubir, fur-tout après les avoir mêlées avec des terres abforbantes. Enfin lorfqu'on détruit une Huile par la combuftion, il refte toujours une certaine quantité de terre.

Nous fommes bien certains que les principes dont nous venons de parler entrent dans la compofition des Huiles; car il n'y en a aucune dont on ne puiffe les retirer : mais il n'eft pas abfolument fûr qu'ils foient les feuls, & qu'il n'y en ait pas encore quelqu'autre qui nous échappe dans la décompofition; car il n'y a jufqu'à préfent aucune expérience bien conftante & bien avérée, qui prouve qu'on ait produit de l'Huile en combinant enfemble ces feuls principes : ce qui est l'unique moyen que nous ayons de nous assurer si nous avons connoissance de tous les principes qui entrent dans la composition d'un corps.

Les Huiles exposées au feu dans les vaisseaux fermés, passent presque entièrement du vaisseau dans lequel elles sont, dans le récipient qu'on y a ajusté pour les recevoir. Il reste cependant une petite quantité de matière noire, qui est de la plus grande fixité, & qui demeure inaltérable tant qu'elle n'a pas de communication avec l'air extérieur, quelque violente que soit l'action du feu. Cette matière n'est autre chose qu'une partie du phlogistique de l'Huile qui est resté unie avec sa terre la plus fixe & la plus grossière; c'est ce que nous avons nommé Charbon.

Lorsque l'Huile se trouve unie à beaucoup de terre, comme elle l'est dans les corps des végétaux & des animaux, elle fournit une quantité de Charbon bien plus considérable.

Le Charbon exposé au feu à l'air libre, brule & se consume, mais sans laisser paroître de flamme semblable à

celle des autres matières combusti-
bles ; il n'a qu'une petite flamme
bleuâtre qui est absolument exempte
de fumée. Le plus souvent il ne fait
que rougir & scintiller, & se réduit
ainsi en cendre, qui n'est plus que la
terre du mixte unie avec un Sel alkali
dans la combustion. On peut séparer
ce Sel alkali de la cendre, en la lessivant avec de l'eau, qui dissout tout
ce qu'elle contient de Sel, & laisse la
terre absolument pure. Le Charbon
est inaltérable & indestructible par
tout autre corps que par le feu ; d'où
il suit que lorsqu'il n'est point actuellement en feu & embrasé, les agens
les plus puissans tels que sont les acides, quelque forts & concentrés
qu'on les suppose, n'ont point sur lui
la moindre action.

Il n'en est pas de-même lorsqu'il est
embrasé, c'est-à-dire, que son phlogistique commence à se séparer de la
terre ; l'acide vitriolique pur, combiné avec lui, contracte dans l'instant
union avec son phlogistique, & se dissipe en esprit sulphureux volatil. Si
au-lieu d'appliquer l'acide vitriolique

pur au Charbon embrasé, on lui a
donné des entraves, en l'unissant avec
une base, sur-tout alkaline; il contracte pour lors une union plus intime
avec le phlogistique du Charbon en
quittant sa base, & forme avec lui de
véritable soufre, avec lequel l'alkali
s'unit dans cette occasion & forme un
hépar.

On n'a remarqué aucune action de
l'acide du Sel marin pur sur le Charbon, sur-tout lorsqu'il n'est point
embrasé. Mais lorsque cet acide est
engagé dans une base alkaline ou métallique, & qu'on le combine en suivant certains procédés avec le Charbon embrasé, il quitte aussi sa base,
s'unit au phlogistique, & forme avec
lui du Phosphore dont nous avons
déja parlé. Le détail du procédé par
lequel on parvient à faire du Phosphore a été donné avec toute l'exacti-
tude & la précision possible par M.
Hellot, & se trouve dans un mémoire
qu'il a fait exprès sur cette matière.
Voyez les mémoires de l'Ac. R. des
Sciences, année 1737.

L'acide nitreux pur ne peut point

non plus décompoſer le Charbon, même embraſé : mais lorſqu'il eſt joint avec une baſe, auſſitôt qu'il touche à du Charbon brulant, il quitte rapidement cette baſe, & s'unit avec le phlogiſtique du Charbon avec la plus grande violence. Il naît vraiſemblablement, comme nous avons déja dit, de cette union une eſpéce de ſoufre ou de phoſpore, qui eſt ſi inflammable, qu'il ſe détruit par la combuſtion auſſitôt qu'il eſt formé.

Les acides nitreux & vitrioliques agiſſent ſur les Huiles; mais bien différemment, ſuivant la quantité de phlegme qu'ils contiennent. Lorſqu'ils ſont noyés d'eau, ils n'ont ſur elles aucune action ; s'ils en contiennent moins, & qu'ils ſoient déphlegmés juſqu'à un certain point, ils les diſſolvent avec chaleur, & forment avec elles des compoſés qui ont une conſiſtence épaiſſe. Les acides ainſi combinés avec les Huiles, s'ils y ſont en grande doſe, les rendent diſſolubles dans l'eau. Les alkalis ont auſſi la même propriété. Lorſqu'une Huile eſt ainſi combinée avec un Acide ou

un alkali, de telle forte que le compofé qui réfulte de leur union foit
diffoluble dans l'eau, ce compofé
peut porter en général le nom de Savon. Le Savon a lui-même la propriété de rendre les matières graffes en
quelque forte diffolubles dans l'eau,
ce qui le rend très-propre à nettoyer
& à dégraiffer.

Les Huiles.
Le Savon.

Les acides nitreux & vitrioliques
très-concentrés, diffolvent les Huiles
avec une fi grande violence, qu'ils les
échauffent, les noirciffent, les brulent & les enflamment.

On ne connoît point encore bien
l'action du fel marin fur les Huiles.

Toutes les Huiles ont la propriété
de diffoudre le foufre. Il eft encore
commun à toutes les Huiles de devenir plus fluides, plus tenues, plus légères, & plus limpides à mefure qu'on
les diftille.

Le mélange des fubftances falines
leur donne au contraire plus de confiftence; elles peuvent même former enfemble des compofés prefque folides.

CHAPITRE XI.

Des différentes espéces d'Huile.

ON distingue les Huiles par les substances dont on les retire. Les minéraux, les végétaux, & les animaux en fournissent ; d'où il suit qu'il y a des Huiles minérales, végétales & animales.

LES HUILES MINERALES.

On ne trouve dans les entrailles de la terre qu'une seule espéce d'Huile qu'on nomme Pétrole : elle a une odeur forte & assés gracieuse ; sa couleur est quelquefois plus, quelquefois moins jaune. Il y a des minéraux dont on peut retirer par la distillation une grande quantité d'Huile qui ressemble beaucoup à l'Huile de Pétrole. Ces

LES BITUMES.

substances se nomment Bitumes, & ne sont que de l'Huile rendue épaisse & solide par l'union qu'elle a contractée avec un acide. La preuve est qu'avec de l'Huile de Pétrole & de l'acide vitriolique, on forme un Bitume artificiel très-semblable aux naturels.

Les substances végétales fournissent une très-grande quantité de différentes sortes d'Huiles ; car il n'y a point de plante, ou même de partie de plante, qui n'en contienne une ou plusieurs espéces qui lui sont propres, & pour l'ordinaire différentes de celles de toutes les autres.

On retire par la seule expression, c'est-à-dire, en écrasant & en mettant en presse des substances végétales, particulièrement certains fruits & graines, une sorte d'Huile qui n'a presque point d'odeur, ni de saveur. Ces Huiles sont très-douces & très-onctueuses ; & comme elles ressemblent en cela à la graisse plus que les autres, on leur a donné le nom d'Huiles grasses.

Ces Huiles exposées à l'air pendant un certain tems s'épaississent plus ou moins vîte, contractent une saveur âcre, & une odeur forte & désagréable. Il y en a qui se congélent au moindre froid. Cette espéce d'Huile est très-propre à dissoudre les préparations de plomb que nous avons nommées litharge & minium ; elle forme avec elles une substance épaisse & te-

Les dif-
férentes
Huiles.

Les Hui-
les essen-
tielles.

nace qui fert de bafe à prefque tous les emplâtres.

On retire auffi par la feule expref-fion de certaines fubftances végétales, une autre efpéce d'Huile qui eft te-nue, limpide, volatile, dont la fa-veur eft âcre, & qui conferve l'odeur de la plante dont on la retire ; elle fe nomme par cette raifon Huile effen-tielle. Il y en a de plufieurs fortes, qui différent entre elles comme les Huiles graffes, fuivant les matières dont on les a retirées.

Il faut remarquer qu'il n'eft pas fa-cile, qu'il eft même le plus fouvent impoffible, de retirer par la feule ex-preffion de la plupart des fubftances végétales, ce qu'elles contiennent d'Huile effentielle. Dans ce cas on a recours à l'action du feu, & par le moyen d'une chaleur douce qui n'ex-céde point le dégré de l'eau bouillan-te, on leur enlève toute leur Huile effentielle : c'eft la manière la plus ufi-tée & la plus commode de retirer ces fortes d'Huiles.

La même méthode ne peut point avoir lieu pour les Huiles graffes. La
raifon

raison en est que ces Huiles étant *Les dif-*
beaucoup plus lourdes que les Huiles *ferentes*
essentielles, demandent pour être en- *Huiles,*
levées un dégré de chaleur beaucoup
plus considérable, & qu'elles ne peuvent éprouver une telle chaleur, sans
s'altérer considérablement & changer
entièrement de nature, comme nous
le ferons bientôt voir. Toute Huile
qui s'éléve à la chaleur de l'eau bouillante mérite donc & mérite seule le
nom d'Huile essentielle.

Les Huiles essentielles, au bout *Les Bau-*
d'un tems plus ou moins grand, sui- *mes, les*
vant leur nature, perdent l'odeur a- *Resines,*
gréable qu'elles avoient lorsqu'elles *et les*
étoient nouvellement distillées, & *Gommes.*
en contractent une autre qui est forte,
rance & beaucoup moins gracieuse.
Elles perdent aussi leur ténuité, & deviennent épaisses & tenaces. Elles ressemblent pour lors beaucoup à des
substances très-abondantes en Huile
qui découlent de certains arbres, &
qu'on nomme Baumes ou Résines, suivant leur consistence.

Les Baumes & les Résines sont in-
dissolubles dans l'eau. Mais il y a d'au-

Q

tres composés huileux qui découlent
aussi des arbres, qui ressemblent assés
aux Résines, dont l'eau est le dissolvant ; on les a nommé Gommes. Cette
propriété de se dissoudre dans l'eau,
leur vient de ce qu'elles contiennent
plus d'eau que les Résines, & plus de
Sel, ou du moins des parties salines
plus développées.

Les Baumes & les Résines distillés
à la chaleur de l'eau bouillante, fournissent une grande quantité d'Huile
limpide, tenue & odorante, en un
mot essentielle. Il reste dans le vaisseau distillatoire une substance plus
épaisse, & qui a plus de consistence
que n'en avoit le Baume ou la Résine
avant la distillation. La même chose
arrive aux Huiles essentielles qui ont
acquis de l'épaississement, & sont devenues résineuses avec le tems ; en les re-
distillant, on leur rend leur première
ténuité, & elles laissent un résidu plus
épais & plus résineux qu'elles n'étoient
elles-mêmes : on nomme cette seconde distillation la Rectification d'une
Huile.

Il faut remarquer que si on combine

un Huile essentielle avec un acide assés LES DIF-
fort pour la dissoudre, elle devient FERENTES
aussitôt par cette union aussi épaisse & HUILES.
résineuse que si elle avoit été long-
tems exposée à l'air : ce qui prouve
que si une Huile acquiert ainsi de la
consistence avec le tems, cela vient de
ce que sa partie la plus légère & la
moins acide, s'est évaporée, & que
son acide se trouvant par ce moyen en
plus grande proportion avec ce qui
reste, lui cause le même changement
que si on avoit ajouté un acide étranger à cette même Huile avant l'évaporation.

Cela nous indique aussi que les Baumes & les Résines ne sont autre chose
que des Huiles essentielles combinées
avec beaucoup d'acide, & épaissies
par son moyen.

Lorsque les végétaux ne fournissent LES HUI-
plus d'Huile essentielle qui s'élève à la LES EMPI-
chaleur de l'eau bouillante, si on les REUMATI-
expose à une chaleur plus forte, ils QUES.
fournissent encore une grande quantité d'Huile, mais qui est plus épaisse
& plus lourde que l'Huile essentielle.
Ces Huiles sont noires, & ont une

 odeur de feu ou de brulé très défagréable, qui les a fait nommer Huiles fœtides & empireumatiques : elles
ont aussi beaucoup d'âcreté.

Il faut observer que si on expose
une substance végétale à un dégré de
chaleur plus fort que celui de l'eau
bouillante, sans avoir tiré d'abord
l'Huile grasse ou essentielle qu'elle
peut contenir, on n'en retire que de
l'Huile empireumatique, parceque les
Huiles grasses & essentielles exposées
à l'action du feu, se brulent, acquiérent de l'acrimonie, contractent une
odeur de feu, en un mot deviennent
véritablement empireumatiques. Il y
a lieu de croire que les Huiles empireumatiques ne sont jamais autre chose que de l'Huile essentielle ou de
l'Huile grasse ainsi altérée & brûlée par
le feu, & qu'il n'y a que ces deux sortes
d'Huiles qui existent naturellement
dans les végétaux.

Quand on distille & qu'on rectifie
plusieurs fois à une douce chaleur les
Huiles empireumatiques, elles acquiérent à chaque distillation un dégré de ténuité, de légèreté & de lim

pidité plus considérable : elles perdent
aussi par ce moyen une partie de leur
odeur désagréable, ensorte qu'elles
approchent de plus en plus de la nature des Huiles essentielles, & qu'en
poussant les rectifications assés loin,
comme jusqu'à dix ou douze fois, elles deviennent entièrement semblables à ces Huiles, excepté qu'elles
n'ont jamais l'odeur si agréable, ni
ressemblante à celle des substances
dont on les a retirées.

Les Huiles grasses peuvent aussi par
le même moyen devenir semblables
aux Huiles essentielles ; mais jamais
ni les Huiles essentielles ni les empireumatiques ne peuvent acquérir les
propriétés des Huiles grasses.

On retire par la distillation des parties des corps des animaux, sur-tout
de leur graisse, une très-grande quantité d'Huile ; mais qui n'a pas d'abord
beaucoup de ténuité, & qui est très-
fœtide. Par un grand nombre de rectifications, on parvient à lui donner
beaucoup de fluidité & de limpidité,
& à diminuer considérablement son
odeur désagréable. Les Huiles anima-

les devenues ainsi fluides & tenues par
un grand nombre de rectifications,
ont la réputation d'être un grand reméde & un spécifique dans l'epylepsie.

CHAPITRE XII.

De la Fermentation en général.

LA FER-
MENTA-
TION.

ON entend par fermentation, un
mouvement intestin qui s'excite
de lui-même entre les parties insensibles d'un corps, duquel résulte un
nouvel arrangement & une nouvelle
combinaison de ces mêmes parties.

Les conditions nécessaires pour que
la fermentation puisse s'exciter dans
un corps, sont premièrement, qu'il entre dans sa composition une certaine
proportion de parties aqueuses, salines, huileuses & terrestres. La proportion de tous ces principes nécessaires à la fermentation n'est point encore bien connue.

Secondement, que le corps qui doit
fermenter soit exposé à un certain dégré de chaleur tempérée, car un grand

froid est un obstacle à la fermentation,
& une chaleur trop grande décompose
les corps. Enfin le concours de l'air est
aussi nécessaire à la fermentation.

Toutes les substances végétales ou
animales sont susceptibles de fermentation, parcequ'elles contiennent toutes, dans une proportion convenable,
les principes dont nous avons parlé.
Il y en a cependant beaucoup qui man-
quent d'une suffisante quantité d'eau,
& qui ne peuvent fermenter tant
qu'elles sont dans cet état de siccité.
Mais il est facile de leur ajouter ce qui
leur manque de ce côté-là, & par conséquent de les rendre très-susceptibles
de fermentation.

A l'égard des minéraux proprement
dits, (c'est-à-dire qu'il faut exclure de
ce nombre les substances végétales &
animales qui peuvent avoir séjourné
dans les entrailles de la terre) ils ne
peuvent subir de fermentation, au
moins sensible.

Il y a trois sortes de fermentations,
qui diffèrent entre elles par les produits qui en résultent. La première
produit les vins & liqueurs spiritueu-

ſes : on la nomme à cauſe de cela fermentation vineuſe ou ſpiritueuſe. Le
réſultat de la ſeconde eſt une liqueur
acide ; ce qui la fait nommer fermentation acide : & la troiſiéme fait naître
un Sel alkali, mais qui différe de ceux
dont nous avons parlé juſqu'à préſent,
principalement en ce qu'au-lieu d'être
fixe, il eſt très-volatil ; cette dernière
eſpéce prend le nom de fermentation
putride ou de putréfaction. Nous allons parler un peu plus en détail de
ces trois eſpéces de fermentations &
de leurs produits.

Ces trois eſpéces de fermentations
peuvent s'exciter ſucceſſivement dans
le même ſujet ; ce qui prouve que ce
ſont plutôt trois dégrés différens de
la même fermentation, & qui n'ont
qu'une même cauſe, que trois fermentations diſtinctes l'une de l'autre. Les
dégrés de la fermentation ſuivent toujours l'ordre que nous leur avons
donné.

CHAP.

CHAPITRE XIII.

De la Fermentation spiritueuse

LE suc de presque tous les fruits, toutes les matières végétales sucrées, les semences & graines farineuses de toute espéce délayées avec suffisante quantité d'eau, sont les matières les plus propres à la fermentation spiritueuse. Si on expose ces liqueurs dans des vaisseaux qui ne soient point exactement fermés à un dégré de chaleur modéré, au bout de quelque tems, elles commencent à devenir troubles; il s'excite insensiblement un petit mouvement dans leurs parties, qui occasionne un petit sifflement : cela augmente peu à peu, jusqu'au point qu'on voit les parties grossières qu'elles contiennent, comme des pepins ou des grains, s'agiter, se mouvoir en différens sens, & être jettées à la superficie. Il se dégage en même-tems quelques bulles d'air, & la liqueur acquiert une odeur piquante & péné

R

trante, occasionnée par des vapeurs très-subtiles qui s'en exhalent.

Personne jusqu'à présent n'a rassemblé ces vapeurs pour en examiner la nature; elles ne sont guères connues que par leurs effets mal-faisans. Elles sont si actives & si meurtrières, que si un homme entre inconsidérément dans un endroit clos qui contienne beaucoup de liqueurs fermentantes, il tombe subitement, & meurt comme s'il étoit assommé.

Quand tous ces phénoménes de la fermentation commencent à diminuer, il convient de l'arrêter, si l'on veut avoir une liqueur bien spiritueuse; car si on la laissoit durer plus long-tems, elle deviendroit acide, & de-là passeroit à son dernier dégré, c'est - à - dire à la putréfaction. Les moyens qu'on emploie pour cela sont de fermer exactement les vaisseaux qui contiennent les liqueurs fermentantes, & de les mettre dans un air plus froid. Alors les impuretés se précipitent & se déposent au fond, & les liqueurs deviennent claires & transpatentes. Si on en goûte lorsqu'elles

font en cet état, on trouve que la saveur douce ou sucrée qu'elles avoient
avant la fermentation, s'est changée
en une saveur picquante, mais agréable & sans acidité.

Les liqueurs ainsi fermentées se
nomment en général Vins : car quoique ce nom soit particulièrement affecté à celle qu'on retire des raisins,
& qu'on donne dans le langage ordinaire des noms particuliers à celles
qui sont tirées des autres substances
susceptibles de la même fermentation;
qu'on appelle par exemple Cidre,
celle qui est tirée des pomes; Bierre,
celle qui vient des grains, cependant
il est bon en Chymie d'avoir un mot
général qui désigne toute liqueur qui
a subi ce premier dégré de fermentation.

On retire du vin, par la distillation, une liqueur inflammable, d'un
blanc jaune, légère, d'une odeur pénétrante & agréable. Cette liqueur
est la partie vraiment spiritueuse du
vin, & le produit de la fermentation.
Celle qu'on retire à la première distillation, est ordinairement chargée de

beaucoup de phlegme, & de quelques parties huileuſes dont on peut la dépouiller enſuite. On la nomme Eau-de-vie lorſqu'elle eſt dans cet état ; mais lorſqu'on l'a débarraſſée de ces parties qui lui ſont étrangères, par des diſtillations réitérées, elle devient encore plus blanche, plus légère, plus odorante & beaucoup plus inflammable : elle prend pour lors le nom d'Eſprit-de-vin, d'Eſprit-de-vin rectifié, s'il l'eſt beaucoup, ou d'Eſprit ardent.

Les propriétés qui diſtinguent les Eſprits ardens de toutes les autres ſubſtances, ſont d'être inflammables ; de bruler & de ſe diſſiper entièrement ſans laiſſer échapper la moindre apparence de fumée ni de fuliginoſités ; de ne contenir aucune matière qui puiſſe ſe réduire en charbon, & d'être parfaitement miſcibles avec l'eau.

Les Eſprits ardens ſont les diſſolvans naturels de la plupart des huiles & des matières huileuſes. Il eſt très-remarquable qu'ils ne diſſolvent que les huiles eſſentielles, & qu'ils ne touchent point à la graiſſe des ani-

maux, ni aux huiles graſſes tirées par
expreſſion. Mais ces huiles deviennent
diſſolubles dans l'Eſprit-de-vin, quand
elles ont éprouvé l'action du feu, &
acquiérent même un nouveau dégré
de diſſolubilité, à chaque fois qu'on
les diſtille. Il n'en eſt pas de-même
des huiles eſſentielles, qui ſont d'a-
bord auſſi diſſolubles dans les Eſprits
ardens qu'elles peuvent jamais l'être,
& qui bien loin d'acquérir un nouveau dégré de diſſolubilité à chaque
fois qu'on les diſtille, perdent au
contraire par des rectifications réitérées une partie de cette propriété.

J'ai fait des recherches particulières sur la cauſe de ces effets ſinguliers :
on en peut voir le détail dans un Mémoire imprimé dans le Recueil de
ceux de l'Académie des Sciences, année 1745. J'y conſidére les Eſprits ardens comme compoſés d'une partie
huileuſe, ou du moins phlogiſtique,
mêlée avec une partie aqueuſe, dans
laquelle elle eſt renduë diſſoluble par le
moyen d'un acide. Cela poſé, je fais
voir que ſi l'Eſprit-de-vin eſt hors d'é-
tat de diſſoudre certaines huiles, il

LA FER-
MENTA-
TION SPI-
RITUEU-
SE.

LES ES-
PRITS AR-
DENS.

faut s'en prendre à sa partie aqueufe, dans laquelle les huiles ne font point naturellement diffolubles fans un interméde falin : & que fi ce même Efprit-de-vin diffout facilement d'autres huiles, telles que les huiles effentielles ; apparemment ces huiles font pourvues de cet interméde falin qui leur eft néceffaire pour cela, je veux dire d'un acide, qu'effectivement une infinité d'expériences y ont fait reconnoître.

D'un autre côté, j'ai prouvé que l'acide des huiles effentielles leur eft furabondant, & en quelque forte étranger ; qu'il ne leur eft uni que foiblement, & qu'il les abandonne en partie à chaque fois qu'on les diftille ; ce qui les rend moins diffolubles, à proportion du nombre de rectifications qu'on leur fait éprouver : & qu'au contraire les huiles graffes ne donnent dans leur état naturel aucune marque d'acidité ; mais que quand elles ont éprouvé l'action du feu, il fe développe en elles un acide qu'il eft impoffible de méconnoître ; ce qui me fait conjecturer que ces huiles ne contiennent d'acide que ce qui eſt néceſſaire à leur mixtion huileuſe ; que cet acide eſt intimement mêlé avec les autres parties qui les com-poſent ; qu'il eſt enveloppé & embar-raſſé de telle ſorte par ces mêmes par-ties, qu'il ne peut manifeſter aucune de ſes propriétés ; ce qui fait que ces huiles, dans leur état naturel, ſont indiſſolubles dans l'Eſprit-de-vin ; mais que le feu changeant l'arrange-ment des parties, développant & ren-dant cet acide de plus en plus ſenſi-ble, il recouvre pour lors ſes pro-priétés, & en particulier celle qu'il a de rendre les parties huileuſes diſſo-lubles dans les menſtrues aqueux : d'où il ſuit que les huiles graſſes de-viennent d'autant plus diſſolubles dans l'Eſprit-de-vin, qu'elles ont éprouvé l'action du feu un plus grand nombre de fois.

L'Eſprit-de-vin ne diſſout point les alkalis fixes, ou du moins n'en diſ-ſout qu'une très-petite quantité ; ce qui fait que par le moyen de ces ſels bien deſſéchés, on parvient à enle-ver aux Eſprits ardens une grande

LA FER-
MENTA-
TION SPI-
RITUEU-
SE.

LES ES-
PRITS AR-
DENS.

ESPRIT DE
VIN AL-
KOOLISÉ.

LES VER-
NIS.

quantité de leur phlegme. Car comme ces fels font très-avides de l'humidité, & ont même avec l'eau une plus grande affinité que les Efprits ardens, fi on mêle un alkali fixe bien privé d'humidité, dans de l'Efprit-de-vin qui ne foit pas bien déphlegmé, auffitôt l'alkali s'empare de fon humidité fuperflue, & fe réfout par ce moyen en liqueur, qui comme plus lourde occupe le fond du vafe. L'Efprit-de vin qui furnage, fe trouve par ce moyen auffi fec & auffi déphlegmé que fi on l'avoit rectifié par plufieurs diftillations. Comme dans cette opération il fe charge de quelques parties alkalines, cela le rend propre à diffoudre plus facilement les matières huileufes. On le nomme quand il eft rectifié par ce moyen, Efprit-de-vin alkoolifé.

L'Efprit-de-vin, même alkoolifé, n'eft cependant point en état de diffoudre toutes les matières huileufes. Celles que nous avons nommées gommes ne peuvent fouffrir avec lui aucune union; mais il diffout facilement la plupart de celles qui portent le nom de résines. Lorsqu'il tient en diffolution une certaine quantité de parties réfineufes, il acquiert plus de confiftence, & forme ce qu'on appelle Vernis à l'efprit-de-vin, ou defficcatif, parcequ'il fe féche promptement. Ce Vernis peut être endommagé par l'eau. On en fait de beaucoup d'efpéces qui différent les unes des autres par les diverfes réfines qu'on emploie, & les proportions. La plupart de ces Vernis font tranfparens & fans couleur.

On diffout dans les huiles, & à l'aide du feu, les bitumes ou réfines fur lefquels l'Efprit-de-vin n'a point d'action, & on en forme une autre efpéce de Vernis que l'eau ne peut altérer. Ces Vernis font ordinairement colorés, & beaucoup plus long à fecher, que ceux à l'efprit-de-vin; ils portent le nom de Vernis gras.

L'Efprit-de-vin a une plus grande affinité avec l'eau, qu'il n'en a avec les matières huileufes; c'eftpourquoi lorfqu'il tient en diffolution quelqu'huile ou quelque réfine, fi on le mêle avec de l'eau, la liqueur fe

trouble aussitôt & acquiert une couleur blanche laiteuse, qui n'est dûe
qu'aux parties huileuses qui sont séparées du menstrue spiritueux par
l'interméde de l'eau, & qui sont
trop divisées pour paroître sous leur
forme naturelle. Mais si on laisse reposer la liqueur pendant un certain
tems, peu à peu plusieurs de ces parties se joignent les unes aux autres,
& acquièrent assés de volume pour
devenir très-sensibles à la vue.

Les acides ont de l'affinité avec
l'Esprit-de-vin, & peuvent se combiner avec lui. Ils perdent par cette
union la plus grande partie de leur
acidité ; ce qui leur fait donner pour
lors le nom d'acides dulcifiés. Mais
comme de ces combinaisons des acides, sur-tout du vitriolique, avec
l'Esprit-de-vin, il résulte de nouveaux
produits qui ont des propriétés très-
singulières, & que leur examen peut
donner beaucoup de lumières sur la
nature des Esprits ardens, il ne sera
pas inutile d'en faire ici mention, &
de les considérer un peu en détail.

Si on mêle une partie d'huile de

vitriol très-concentrée , avec quatre
parties d'esprit-de-vin bien déphlegmé , il s'excite d'abord un bouillonnement & une effervescence considérable , accompagnée de beaucoup de
chaleur , & d'une grande quantité de
vapeurs , dont l'odeur est assés agréable , mais qui sont nuisibles à la poi-
trine. On entend en même-tems un
sifflement , pareil à celui que fait un
morceau de fer rouge qu'on plonge
dans l'eau. Il convient même de faire
ce mélange peu à peu ; car autrement
on risque de voir casser les vaisseaux
dans lesquels on le fait.

Lorsque les deux liqueurs sont mêlées , si on distille le tout à une chaleur très-douce , il sort d'abord un
Esprit-de-vin d'une odeur très-péné-
trante & très-agréable. Quand il en
a passé environ la moitié , celui qui le
suit est d'une odeur plus pénétrante
& plus sulphureuse ; il est aussi un
peu plus chargé de phlegme. Lorsque la liqueur commence à bouillon-
ner un peu , il passe un phlegme ayant
une forte odeur de soufre , & qui
devient de plus en plus acide. Sur ce

phlegme, furnage une petite quantité d'une huile très-légère & très-
limpide. Il reste dans le vaisseau une
substance épaisse, noirâtre & comme
résineuse ou bitumineuse. On peut
séparer de cette matière une assés
grande quantité d'acide vitriolique,
mais qui est devenu sulphureux. Ce
qui reste après cela est une masse noire, comme charboneuse, qui poussée
au feu dans un creuset, laisse une petite portion d'une terre très-fixe, &
même susceptible de vitrification.

En rectifiant le premier Esprit ardent passé dans la distillation, ou
bien si au-lieu de mettre quatre parties de vin contre une d'huile de vitriol avant la distillation, on met
parties égales de l'un & de l'autre, on
retire une liqueur très-singulière,
qui diffère essentiellement des huiles
& des Esprits ardens, quoiqu'elle
leur ressemble en certains points : cette
liqueur est connue en Chymie sous le
nom d'Æther. Voici quelles sont ses
principales propriétés.

L'Æther est plus léger, plus volatil
& plus inflammable que l'Esprit-de-

vin le plus rectifié. Il se dissipe très-promptement lorsqu'il est exposé à l'air, & prend feu subitement lorsqu'il se trouve quelque flamme dans son voisinage. Il brule comme l'Esprit-de-vin, sans répandre aucune fumée; & se consume entièrement, sans laisser la moindre apparence de charbon ou de cendres. Il dissout facilement & rapidement les huiles & les matières huileuses. Ces propriétés lui sont communes avec les Esprits ardens. Mais il ressemble aux huiles en ce qu'il n'est point miscible avec l'eau; ce qui le fait différer essentiellement de l'Esprit-de-vin, qui par sa nature est miscible à toutes les liqueurs aqueuses.

L'Æther a encore une propriété très-singulière, c'est d'avoir avec l'or beaucoup d'affinité, & même plus que l'eau régale. Il est vrai qu'il ne dissout pas l'or lorsqu'il est en masse & sous sa forme métallique; mais lorsqu'il est dissous dans l'eau régale, si on ajoute une petite quantité d'Æther, & qu'on agite le tout, l'or se sépare de l'eau régale, & se joint à

l'Æther, qui le tient pour lors en diffolution.

On trouve la raifon de tous les
phénoménes dont nous venons de
rendre compte, & qui réfultent du
mélange de l'Efprit-de-vin avec l'huile
de vitriol, dans la grande affinité
qu'a cet acide avec l'eau. Car fi l'acide vitriolique eft foible, & pour ainfi
dire furchargé de parties aqueufes,
on n'obtient ni huile, ni Æther par
fon moyen. Mais s'il eft très-concentré ; comme il eft pour lors en état
d'attirer très-puiffamment les parties
de l'eau, lorfqu'on le mêle avec l'Efprit-de-vin, il s'empare de la plus
grande partie de l'eau que celui-ci
contient, même d'une portion de
celle qui eft de fon effence & qui le
conftitue Efprit-de-vin : d'où il arrive
qu'une certaine quantité des parties
huileufes qui le compofent fe trouvant
féparées des parties aqueufes, & rapprochées, s'uniffent les unes aux autres, & paroiffent fous leur forme naturelle ; ce qui forme l'huile qui furnage fur le phlegme fulphureux.

L'acide vitriolique épaiffit, & brule

même encore une portion de cette
huile ; de-là vient ce résidu bitumi-
neux qu'on trouve au fond des vaiffeaux après la diftillation de notre
mélange, qui eft femblable à celui
qui réfulte de l'union de l'acide vitriolique avec les huiles ordinaires.
Enfin notre acide devient fulphureux, comme cela lui arrive toujours
quand il s'unit avec des matières huileufes, & fort aqueux à caufe de la
quantité de phlegme qu'il a enlevé à
l'Efprit-de-vin.

Pour ce qui eft de l'Æther, on peut
le regarder comme un Efprit-de-vin
extrêmement déphlegmé, & même
au point que fa nature en eft altérée ;
en forte que le peu de parties d'eau
qui lui reftent n'étant point en affés
grande quantité pour diffoudre & féparer les unes des autres les parties
huileufes, celles - ci fe rapprochent
plus qu'elles ne le font dans l'Efprit-
de - vin ordinaire, & ôtent par ce
moyen à cette liqueur la propriété
d'être mifcible avec l'eau. (a)

(a) M. Hellot a fait fur l'Æther des recher-
ches très-curieufes, dont on peut voir le dé-

L'Efprit de nitre bien déphlegmé, combiné avec l'Efprit-de-vin, préfente auffi des phénoménes fort finguliers. Premièrement, dans l'inftant même du mélange, il fait avec l'Efprit de vin une effervefcence encore plus forte & plus violente que l'acide vitriolique.

Secondement, on retire de ce mélange, fans le fecours de la diftillation, & en bouchant fimplement la bouteille où font contenues ces liqueurs, une efpéce d'Æther, produit vraifemblablement par les vapeurs qui s'en élévent, & qui furnagent le mélange. Cette liqueur eft très-finguliére. M. Navier, Docteur en Médecine, & correfpondant de l'Académie des Sciences, eft le premier qui l'ait obfervée, & qui en ait donné la defcription. On peut confulter là-deffus les Mémoires de l'Académie.

Troifiémement, il y a quelques Auteurs qui prétendent qu'en diftillant le mélange dont il eft à préfent quef-

rail dans les Mémoires de l'Académie des Sciences.

tion, on retire une huile à peu près *LA FER-* semblable à celle dont nous avons fait *MENTA-* mention en parlant de la combinaison *TION SPI-* de l'acide vitriolique avec l'Esprit de *RITUEU-* vin. D'autres le nient. Je crois que *SE.* cela dépend du dégré de concentra- *LES ES-* tion de l'Esprit de nitre, & de la qua- *PRITS AR-* lité de l'Esprit-de-vin, qui est quelque- *DENS.* fois plus, quelquefois moins hui- leux.

Quatriémement, nos deux liqueurs, *ESPRIT DE* intimement mêlées ensemble par la *NITRE DUL-* distillation, forment une liqueur lé- *CIFIÉ.* gèrement acide, usitée en Médecine, & connue sous le nom d'Esprit de ni- tre dulcifié. Ce nom lui convient très-bien, parcequ'effectivement l'a- cide nitreux perd par son union avec l'Esprit-de-vin presque toute son aci- dité & sa qualité corrosive.

Cinquiémement, enfin, il reste au fond des vaisseaux après la distilla- tion, une matière épaisse & noirâtre, à peu près semblable à celle qu'on trouve après la distillation de l'huile de vitriol & de l'Esprit-de-vin.

On a aussi combiné l'Esprit de sel avec l'Esprit de vin; mais il ne s'unit

LA FER-
MENTA-
TION SPI-
RITUEU-
SE.

LES ES-
PRITS AR-
DENS.

ESPRIT DE
SEL DULCI-
FIÉ.

point avec lui aussi facilement ni aussi intimement, que les deux acides dont nous venons de parler. Il faut que l'Esprit de sel soit bien concentré, & fumant, & qu'on emploie de plus le secours de la distillation, pour les bien mêler. Quelques Auteurs prétendent qu'on retire aussi de ce mélange une petite quantité d'huile ; apparemment cela arrive lorsque les liqueurs ont les conditions dont nous venons de parler.

L'acide marin perd aussi par le moyen de l'union qu'il contracte avec l'Esprit-de-vin, la plus grande partie de son acidité ; ce qui le fait nommer de-même Esprit de sel dulcifié. On trouve aussi après la distillation un résidu épais.

CHAPITRE XIV.

De la Fermentation acide.

ON retire du vin, outre l'esprit ardent, une grande quantité d'eau, d'huile, de terre, & d'une

efpéce d'acide dont nous allons bientôt parler. Quand on a féparé la partie fpiritueufe du vin d'avec ces autres fubftances, il ne s'y fait plus de
changement. Mais lorfque toutes les
parties qui le compofent reftent combinées enfemble, pour lors la fermentation, au bout d'un certain tems,
plus ou moins long fuivant le dégré
de chaleur auquel le vin fe trouve
expofé, fe renouvelle, ou plutôt parvient à fon fecond dégré. Il s'excite
une feconde fois un trouble & un
mouvement inteftin dans la liqueur,
qui fe trouve après quelques jours
changée en un acide ; mais bien différent de ceux dont nous avons parlé
jufqu'à préfent. La liqueur prend pour
lors le nom de Vinaigre.

Il faut obferver que le vin n'eft
pas la feule fubftance qui foit fufceptible de fermentation acide ; plufieurs
matières végétales, & même animales, qui ne font point propres à la
fermentation fpiritueufe, s'aigriffent
avant d'éprouver la putréfaction. Mais
comme ce font les liqueurs vineufes
qui poffèdent éminemment la pro-

LA FER-
MENTA-
TION ACI-
DE.

S ij

priété de subir la fermentation acide, & de produire même les plus forts acides qui puissent résul er de cette fermentation, c'est de leur acide dont nous allons parler particulièrement.

Si on distille du vin qui a subi ce second dégré de fermentation, au-lieu d'en retirer un esprit ardent, on n'en retire qu'une liqueur acide qui se nomme Vinaigre distillé.

Cet acide a les mêmes propriétés que les acides minéraux dont nous avons parlé ; c'est-à-dire, qu'il s'unit avec les sels alkalis, les terres absorbantes & les substances métalliques, & forme avec ces matières des combinaisons salines neutres.

L'affinité qu'il a avec elles, suit le même ordre que celle des acides minéraux avec ces mêmes matières ; mais elle est moins grande ; c'est-à-dire, qu'un acide minéral quelconque peut séparer l'acide du Vinaigre de toutes les matières ausquelles il peut être uni. Il faut pourtant excepter l'acide vitriolique devenu sulphureux, ou notre esprit sulphureux volatil, qui est moins fort que l'acide du Vinaigre.

Le Vinaigre a aussi plus d'affinité
avec les alkalis, que n'en a le soufre :
d'où il suit qu'il peut décomposer la
combinaison du soufre avec l'alkali
que nous avons nommée foie de sou-
fre, & précipiter le soufre qui y est
contenu.

L'acide du Vinaigre est toujours
chargé d'une certaine quantité de
parties huileuses qui l'affoiblissent
beaucoup, & lui enlévent une grande
partie de son activité. C'est ce qui est
cause qu'il est beaucoup moins fort
que les acides minéraux, qui en sont
exempts. On peut en l'en dépouillant,
& lui enlevant en même-tems par la
distillation une grande quantité d'eau,
dans laquelle il est en quelque sorte
noyé, le rapprocher beaucoup de la
nature des acides minéraux. Mais ce
travail n'a point encore été suivi autant qu'il mérite de l'être. Il y a outre
la distillation, un autre moyen de
dépouiller le Vinaigre d'une bonne
partie de son phlegme; c'est de l'exposer à une forte gelée, qui réduit
aisément en glace la partie aqueuse,
tandis que la partie acide conserve
la fluidité.

LA FER-MENTA-TION ACI-DE.

Le phlogiſtique auquel l'acide vitriolique eſt uni lorſqu'il eſt ſoufre, ou eſprit ſulphureux, altére plus conſidérablement cet acide que l'huile n'altére celui du Vinaigre, puiſque nous remarquons que cet acide du Vinaigre a plus d'affinité que le ſoufre avec les alkalis.

LE VINAI-GRE.

LA TERRE FOLIÉE DU TARTRE.

Le Vinaigre combiné juſqu'au point de ſaturation avec un alkali fixe, forme un ſel neutre qui ne ſe cryſtaliſe point ; mais qui évaporé juſqu'à ſiccité, prend la forme d'une terre feuilletée : ce qui a fait donner à ce compoſé le nom de Terre foliée, Terre foliée du tartre, ou Tartre régénéré. Lorſque nous parlerons du Tartre, nous verrons la raiſon de ces dernières dénominations.

SEL DE CO-RAIL, DE PERLES, &c.

On forme auſſi avec le Vinaigre, & différentes terres abſorbantes, comme les chaux de perles, de corraux, d'écailles, &c. des compoſés ſalins neutres, qui prennent le nom des terres qui ſont entrées dans leur combinaiſon.

SEL OU SUCRE DE SATURNE.

Le Vinaigre diſſout parfaitement bien le plomb, & le réduit en un ſel neutre métallique, qui se cryſtaliſe & a une ſaveur douce & ſucrée. Ce compoſé ſe nomme Sel ou Sucre de ſaturne.

Si on expoſe ſimplement le plomb à la vapeur du Vinaigre, cette vapeur le ronge, le calcine, & le réduit en une matière blanche fort uſitée dans la peinture, & connue ſous le nom de céruſe, ou de blanc de plomb, lorſqu'elle eſt plus fine.

Le Vinaigre ronge auſſi le cuivre, & le réduit en une rouille d'un beau verd uſité auſſi dans la peinture, & qui porte le nom de verd de gris. On ne ſe ſert pourtant point ordinairement du Vinaigre pour faire le verd de gris, mais de vin ou de marc de vin, dont le feu développe des acides analogues à celui du Vinaigre.

Lorſque nous avons parlé des différentes ſubſtances qui compoſent le vin, nous avons fait mention d'une matière acide; mais nous ne ſommes entré dans aucun détail à ſon ſujet, parceque comme cette matière a beaucoup de reſſemblance avec l'acide du Vinaigre, nous avons cru qu'il ſeroit

plus à propos de ne rapporter ses
propriétés , qu'après avoir parlé de
la fermentation acide , & de son produit.

La substance dont il s'agit à présent , est un composé salin qui contient des parties terrestres , huileuses,
& sur - tout acides. On la trouve
déposée en forme de croutes , qui
sont attachées aux parrois intérieurs
des vaisseaux qui ont contenu pendant un certain tems des vins , & sur-
tout des vins acides tels que sont ceux
d'Allemagne.

Le Tartre en cet état contient une
grande quantité de parties terreuses
qui lui sont surabondantes & étrangères. On peut l'en dépouiller , en lui
faisant éprouver des ébullitions avec
une espéce de terre qu'on trouve aux
environs de Montpellier (a).

Il paroît lorsqu'il est purifié, à la superficie de la liqueur, une forme de
pellicule blanche & crystaline, qu'on
ramasse à mesure qu'elle se forme.
Cette matière prend le nom de Crême

____

(a) Voyez la description de ce travail dans
les Mémoires de l'Académie des Sciences.

de Tartre. La même liqueur qui fournit cette Crême, & qui tient en dissolution le Tartre purifié, étant refroidie, fournit une grande quantité de crystaux blancs & demi-transparens, qui se nomment Crystaux de Tartre. La Crême & les Crystaux de Tartre ne font donc qu'un Tartre purifié, & ne différent l'un de l'autre que par leur figure.

LA FERMENTATION ACIDE.

LE TARTRE.

Quoique les Crystaux de Tartre ayent toute l'apparence d'un sel neutre, ils ne le font cependant point ; car ils ont toutes les propriétés d'un véritable acide, qui ne diffère guères de celui du vinaigre, qu'en ce qu'il contient une moindre quantité d'eau, & une plus grande quantité de terre & d'huile : ce qui lui donne la forme concrète, & en même tems la propriété de ne se dissoudre dans l'eau que très-difficilement. Car pour tenir les Crystaux de Tartre en dissolution, il est nécessaire d'employer une très-grande quantité d'eau ; encore faut-il qu'elle soit bouillante, sans quoi aussitôt qu'elle se refroidit, la plus grande partie du Tartre qu'elle

T

tenoit en diſſolution ſe ſépare de la
liqueur, & ſe précipite ſous la forme
d'une poudre blanche.

Le Tartre calciné à feu nud ſe décompoſe. Toutes ſes parties huileuſes
ſe brulent ou ſe diſſipent en fumée,
auſſi-bien que la plus grande partie de
ſon acide : l'autre partie de ce même
acide s'unit intimement avec ſa terre,
& forme avec elle un alkali fixe très-
fort & très-pur, qu'on nomme Sel
de Tartre.

Cet alkali attire puiſſamment l'humidité de l'air, & ſe réſout en une
liqueur alkaline & onctueuſe, qu'on
appelle improprement Huile de Tartre par défaillance. C'eſt de cet alkali
dont on a coutume de ſe ſervir pour
faire la Terre foliée, dont nous venons
de parler lorſqu'il étoit queſtion du
vinaigre ; & c'eſt pour cette raiſon
qu'on nomme cette combinaiſon Terre foliée du Tartre ; nom qui lui convient aſſés.

Il n'en eſt pas de même de celui
de Tartre régénéré qu'on lui donne
auſſi. A la vérité on rend dans cette
occaſion à la terre du Tartre un acide

huileux très-analogue à celui que le feu lui a enlevé; mais le composé qui en résulte est un sel neutre très-dissoluble dans l'eau; au-lieu que le Tartre est manifestement acide & indissoluble, ou du moins presque indissoluble dans l'eau.

LA FERMENTATION ACIDE.

Les crystaux de tartre combinés avec l'alkali du Tartre, produisent une grande effervescence dans le tems du mélange, comme ont coutume de faire tous les acides; & cette combinaison faite exactement jusqu'au point de saturation, forme un sel parfaitement neutre qui se crystalise, & se dissout facilement dans l'eau : ce qui lui a fait donner le nom de Tartre soluble. On le nomme aussi sel végétal, à cause qu'il est tiré uniquement des végéraux, & Tartre tartarisé, parceque c'est l'acide & l'alkali du Tartre combinés ensemble.

TARTRE SOLUBLE.

SEL VÉGÉTAL, TARTRE TARTARISÉ.

Les crystaux de Tartre combinés avec les alkalis tirés des cendres des plantes maritimes, telles que la soude qui sont semblables à la base du sel marin, forment aussi un sel neutre qui se crystalise bien, & qui se dis-

SEL DE SAIGNETTE.

LA FER-
MENTA-
TIONACI-
DE,

fout facilement dans l'eau. Ce fel est encore une efpéce de Tartre foluble. On le nomme Sel de Saignette , du nom de fon inventeur. Le Sel végétal & le Sel de Saignette font des purgatifs doux & favoneux , qui font d'un grand ufage dans la Médecine.

TARTRE
MARTIAL
SOLUBLE,

Le Tartre diffout auffi les terres abforbantes , comme la chaux , la craie , &c. & forme avec elles des fels neutres qui font diffolubles dans l'eau. (a) Il attaque même les fubf-tances métalliques , & devient foluble lorfqu'il eft combiné avec elles. On prépare pour l'ufage de la Méde-cine un Tartre foluble avec les cryf-taux de Tartre & le fer , & on donne au fel métallique qui en réfulte , le nom de Tartre martial foluble.

Il eft très-fingulier que le Tartre qui eft par lui-même indiffoluble dans l'eau , y foit diffoluble lorfqu'il eft devenu fel neutre, par l'union qu'il a contractée , foit avec les alkalis , foit avec les terres abforbantes , ou même

(a) On peut confulter là-deffus les Recher-ches de M. Duhamel , **Mémoires de l'Acadé-mie des Sciences.**

avec les métaux. On pourroit dire à l'égard des alkalis, qu'ayant une très-grande affinité avec l'eau, ils communiquent au Tartre une partie de la facilité qu'ils ont de s'unir avec elle; mais on ne peut point dire la même chose des terres absorbantes & des substances métalliques, que l'eau ne dissout point, ou du moins qu'elle ne dissout que difficilement & en petite quantité: cela ne peut être attribué qu'à un différent arrangement de parties qui nous est inconnu.

Les autres acides qu'on retire des végétaux, & même ceux qu'on peut retirer de quelques substances animales, peuvent tous être comparés & rapportés au Vinaigre ou au Tartre, suivant la quantité d'huile & de terre par lesquels ils sont altérés.

Au reste, ces acides n'ont point encore été examinés dans un grand détail. Il y a tout lieu de croire que ce ne sont que les acides minéraux qui en passant dans les corps des végétaux, & même des animaux, souffrent une grande altération, sur-tout par l'union qu'ils contractent avec les

Note marginale : LA FERMENTATION ACIDE.

LA FER-
MENTA-
TION ACI-
DE.

parties huileuſes. Car comme nous
avons déja dit à l'occaſion du Vinaigre, en les dépouillant de leur huile,
on les rapproche beaucoup de la nature des acides minéraux ; & de-même, en combinant les acides minéraux avec des huiles, on leur donne
pluſieurs propriétés des acides végétaux.

CHAPITRE XV.

La Fermentation putride ou la Putré-
faction.

LA FER-
MENTA-
TION PU-
TRIDE.

TOUT corps qui a éprouvé les deux
dégrés de fermentation dont
nous venons de parler ; c'eſt-à-dire,
la fermentation ſpiritueuſe & l'acide,
abandonné à lui-même & expoſé à un
dégré de chaleur convenable, lequel
varie ſuivant les ſujets ; paſſe enfin
au dernier dégré de la fermentation,
c'eſt-à-dire, à la putréfaction.

Il eſt bon d'obſerver avant d'aller
plus loin, que l'inverſe de cette pro-
poſition n'eſt point vraie ; c'eſt-à-dire,

qu'il n'est point nécessaire qu'un corps passe successivement par la fermentation spiritueuse & acide pour parvenir à la putride, & que de-même qu'il y a des substances qui subissent la fermentation acide, sans avoir éprouvé la spiritueuse, de-même il y en a qui se pourrissent sans avoir auparavant passé par la fermentation spiritueuse, ni par l'acide : telles sont par exemple la plupart des substances animales. Si donc nous avons désigné ces trois espéces de fermentation comme trois dégrés différens d'une seule & même fermentation, ce n'est qu'en supposant qu'elle s'excite dans un corps capable de l'éprouver dans toute son étendue.

On pourroit cependant croire aussi que toute substance susceptible de fermentation passe toujours nécessairement par ces trois différens dégrés; mais que celles qui y sont le plus disposées, passent si rapidement par le premier & même par le second, qu'elles parviennent au troisiéme avant qu'on puisse s'appercevoir qu'elles ont subi les premiers. Ce senti-

 ment a quelque vraisemblance ; mais
il n'est point appuyé sur des preuves
assés fortes & assés nombreuses pour
pouvoir être adopté.

Lorsqu'un corps éprouve la putréfaction , on remarque aisément , comme dans les deux espéces de fermentation dont nous venons de parler ,
par les vapeurs qui s'en élévent , l'o-
pacité qui y survient , si c'est une liqueur transparente ; souvent même
par un dégré de chaleur assés sensible , qu'il s'excite dans les parties qui
le constituent , un mouvement intestin qui dure jusqu'à ce qu'il soit entièrement putrifié.

L'effet de ce mouvement est , comme dans les deux espéces de fermentation dont nous avons déja parlé ,
de déranger l'union & l'assemblage
des parties qui composent le corps où
il s'excite , & de produire une combinaison nouvelle. Cela se fait par
un méchanisme qui nous est inconnu ,
& sur lequel on ne peut donner que
des conjectures , que nous négligeons ,
pour nous en tenir aux faits ; les seules choses qui soient certaines & po-
sitives en Physique.

Si donc on examine une substance LA FER-
qui a éprouvé la putréfaction, on MENTA-
s'appercevra aisément qu'elle con- TION PU-
tient un principe qui n'y existoit point TRIDE.
avant. En soumettant cette substance
à la distillation, on en retire d'abord,
à un dégré de feu très-doux, une matière saline extrêmement volatile, &
qui affecte l'odorat vivement & dé-
sagréablement. Il n'est pas même besoin du secours de la distillation pour
s'appercevoir de la présence de ce produit de la putréfaction ; il se fait aisément sentir dans la plupart des
substances où il existe, comme il est
aisé de s'en convaincre par la différence qu'il y a entre l'odeur de l'urine
fraîche & celle de l'urine putrifiée,
qui affecte non-seulement l'odorat,
mais même picque & irrite aussi les
yeux, assés fortement pour en tirer
des larmes en abondance.

Ce principe salin produit par la ESPRIT ET
putréfaction, rapproché & séparé des SEL VOLA-
autres principes du corps dont on le TIL URI-
tire, se présente, suivant la manière NEUX.
dont on s'y est pris pour l'en séparer,
sous la forme d'une liqueur, ou sous

celle d'un fel concret. On le nomme
dans le premier cas , efprit volatil
urineux; & dans le fecond, fel volatil
urineux. Ce nom d'urineux lui a été
donné, parceque, comme nous avons
dit, il s'en forme une grande quantité dans l'urine putréfiée , & qu'il

lui communique fon odeur. On le
nomme aufli en général , qu'il foit
concret ou en liqueur ; Alkali volatil.
Nous allons voir par l'énumération
de fes propriétés , pourquoi on lui a
donné le nom d'Alkali.

Les Alkalis volatils de quelque
fubftance qu'on les tire, fe reffemblent
tous , & ont les mêmes propriétés. Ils
ne peuvent guères différer que par leur
plus ou moins grand dégré de pureté.
L'Alkali volatil eft compofé , comme
l'alkali fixe, d'une certaine quantité
d'acide combiné & engagé dans une
portion de la terre du mixte dont on
le tire ; ce qui eft caufe qu'il a beaucoup de propriétés femblables à celles
de l'Alkali fixe. Mais il entre aufli
dans fa compofition une affés grande
quantité de matière graffe ou huileufe , qui n'entre point dans celle de

l'Alkali fixe ; ce qui est cause qu'il se trouve aussi entre eux beaucoup de différence. La volatilité, par exemple, de l'Alkali produit par la putréfaction, qui est la principale différence qui se trouve entre lui & l'autre espéce d'Alkali dont l'essence est d'être fixe, doit être attribuée à la portion huileuse qu'il contient : car en suivant certains procédés, on parvient à volatiliser les Alkalis fixes, par le secours d'une matière grasse.

L'Alkali volatil a beaucoup d'affinité avec les acides ; il se joint à eux avec violence & ébullition, & forme avec eux des sels neutres qui se crystalisent, & qui sont différens suivant l'espéce de l'acide avec lequel on l'a combiné.

Ces sels neutres qui ont pour base un Alkali volatil, se nomment en général Sels ammoniacaux. Celui qui a pour acide l'acide du Sel marin, s'appelle Sel ammoniac. Comme c'est le plus anciennement connu, c'est lui qui a donné son nom aux autres. Ce sel se prépare en grande quantité en Egypte, d'où on nous l'apporte. On

<table>
<tr><td>

</td><td>

le tire de la fuie de la boufe de vache qu'on brule en ce païs-là, qui contient du fel marin, de l'Alkali volatil, ou du moins les matériaux propres à le former; & par conféquent tous ceux qui entrent dans la compofition du Sel ammoniac. Voyez làdeffus les mémoires de l'Académie des Sciences.

</td></tr>
<tr><td>

SEL AM-
MONIACAL
NITREUX.
SEL AM-
MONIACAL
VITRIOLI-
QUE.
SEL AM-
MONIACAL
SECRET DE
GLAUBER.

</td><td>

Les Sels neutres formés par la combinaifon de l'acide nitreux & de l'acide vitriolique, avec l'Alkali volatil, fe nomment du nom de leur acide, Sel ammoniacal nitreux, & Sel ammoniacal vitriolique; ce dernier fe nomme auffi Sel ammoniacal fécret de Glauber, du nom de fon inventeur.

</td></tr>
</table>

L'Alkali volatil a donc, par rapport aux acides, la même propriété que l'Alkali fixe; mais il en diffère en ce que l'affinité qu'il a avec ces mêmes acides, eft moindre que celle de l'Alkali fixe: d'où il fuit que tout Sel ammoniacal peut être décompofé par un Alkali fixe, qui dégagera l'Alkali volatil pour s'emparer de fon acide.

L'Alkali volatil décompofe tous les fels neutres qui n'ont pas pour bafe un Alkali fixe ; c'est-à-dire, tous ceux qui sont composés d'un acide joint à une terre absorbante, ou à une substance métallique. Il dégage ces terres ou ces substances métalliques, & se substitue à leur place, en se joignant à l'acide qui les avoit dissous, & forme avec ces acides des Sels ammoniacaux.

On pourroit conclure de-là que l'Alkali volatil est après le phlogistique & l'Alkali fixe, la substance qui a la plus grande affinité avec l'acide en général. Cependant cela n'est pas exactement vrai. En voici la raison : c'est que les terres absorbantes, & plusieurs substances métalliques, peuvent aussi décomposer les Sels ammoniacaux, dégager leur Alkali volatil, & former un nouveau composé en se joignant à leur acide. Cela nous doit faire juger que l'affinité de ces matières avec l'acide est à peu près la même.

Il est bon cependant d'observer que l'Alkali volatil décompose les sels neutres qui ont pour base des terres absorbantes & des substances métalliques, sans le secours du feu ; au-lieu que les

terres abforbantes & les fubftances métalliques ne décompofent guères les
Sels ammoniacaux, que lorfqu'ils font
aidés d'un certain dégré de chaleur.

Or comme toutes ces matières font
extrêmement fixes, du moins en com-
paraifon de l'Alkali volatil, elles ont
l'avantage de pouvoir réfifter au feu,
& d'agir par fon moyen, qui eft très-
efficace pour faciliter l'action qu'ont
les fubftances les unes fur les autres;
au-lieu que l'Alkali volatil qui fe
trouve dans les Sels ammoniacaux,
ne pouvant foutenir l'action du feu,
eft obligé de quitter fon acide, d'autant plus vîte que la préfence des fubftances terreufes & métalliques qui
ont beaucoup d'affinité avec les acides, diminue confidérablement celle
qu'il a avec ces mêmes acides.

Ces confidérations doivent nous
faire regarder l'affinité de l'Alkali volatil avec les acides, comme un peu
plus grande que celle des terres abforbantes & des fubftances métalliques.

Les Sels ammoniacaux projettés fur
du nitre en fufion, le font détonner;
& le Sel ammoniacal nitreux détonne

tout feul , & fans addition d'aucune
matière inflammable : effet fingulier ,
qui démontre avec évidence l'exiften-
ce d'une matière huileufe dans les Alkalis volatils ; car il eft certain que
le nitre ne peut jamais s'enflammer
fans le concours & même l'attouche-
ment immédiat de quelque matière
combuftible.

La fubftance huileufe fe trouve fouvent jointe avec l'Alkali volatil en fi
grande quantité , qu'elle le déguife
en quelque forte , & le rend extrêmement impur. On peut en enlever le
fuperflu , en diftillant plufieurs fois
ce fel , fur-tout en le diftillant fur
des terres abforbantes, qui fe chargent
volontiers des matières graffes. On
appelle cela rectifier l'Alkali volatil.
Ce fel ainfi rectifié, de jaunâtre ou noirâtre qu'il étoit avant , devient fort
blanc, & contracte une odeur plus pénétrante & moins fœtide qu'il n'avoit
d'abord , c'eft-à-dire , lorfqu'on l'a
retiré par une feule diftillation d'une
fubftance putréfiée.

Il eft bon de remarquer qu'il ne
faut pas pouffer trop loin la rectifica-

tion de l'Alkali volatil, ou la réité-
rer un trop grand nombre de fois ;
car on parvient enfin à le décomposer
entièrement par ce moyen, sur-tout
si on emploie les terres absorbantes,
& en particulier la chaux ; on réduit
ce sel en huile, en terre & en eau.

L'Alkali volatil a de l'action sur
plusieurs substances métalliques, &
en particulier sur le cuivre, dont il
fait une dissolution d'un très-beau
bleu. C'est de cette propriété que dépend un effet assés singulier, qui arrive quelquefois, lorsqu'on veut, par le
moyen d'un Alkali volatil séparer le
cuivre de quelqu'acide avec lequel il
est joint. Au-lieu de voir la liqueur
devenir trouble, & le métal se précipiter, comme cela a coutume d'arri-
ver, lorsqu'on mêle un Alkali quelconque à une dissolution métallique ;
on est étonné de voir la dissolution de
cuivre dans laquelle on mêle un Alkali volatil, conserver sa limpidité, &
de n'appercevoir aucun précipité ; ou
du moins si la liqueur se trouble, ce
n'est que pour un instant, & elle reprend aussitôt sa transparence.

Cela

Cela vient de ce qu'on a ajouté une quantité d'Alkali volatil plus grande qu'il n'en faut pour saouler entièrement l'acide de la diffolution, & affés confidérable pour diffoudre tout le cuivre, à mefure qu'il étoit féparé de l'acide. On remarque dans cette occafion, que la liqueur acquiert une couleur d'un bleu plus foncé qu'elle n'avoit avant ; ce qui vient de ce que l'Alkali volatil a la propriété de faire contracter à ce métal, lorfqu'il fe joint avec lui , une couleur bleue plus chargée que toute autre efpéce de diffolvant : auffi fert-il comme de pierre de touche , pour découvrir le cuivre par-tout où il eft ; car en quelque petite quantité que ce métal fe trouve combiné avec d'autres matières, notre Alkali le décéle conftamment , & le fait paroître coloré en bleu.

Quoique l'Alkali volatil foit toujours le réfultat de la putréfaction , ce n'eft pas à dire pour cela qu'il ne puiffe jamais être produit que par cette fermentation ; au contraire, la plupart des fubftances qui contiennent

V

des matériaux propres à le former , en
fournissent une assés grande quantité
dans la distillation. Le tartre , par
exemple , qui brulé à feu ouvert , se
change , comme nous avons vu , en
un Alkali fixe , fournit beaucoup
d'Alkali volatil lorsqu'on le décompose dans les vaisseaux fermés , c'est-
à-dire qu'on en fait la distillation ;
parceque dans ce cas , la partie huileuse ne se dissipe & ne se brule pas
comme quand on le calcine à feu ouvert , & a le tems de se combiner
comme il convient avec une partie de
la terre & de l'acide de ce mixte , pour
former un véritable Alkali volatil.

La preuve que dans cette occasion ,
comme dans toutes celles où des corps
non putréfiés fournissent de l'Alkali volatil , ce Sel est le produit du
feu ; c'est que dans ces distillations ,
il ne passe qu'après qu'une partie du
phlegme , de l'acide , & même de
l'huile épaisse du mixte , est sortie : ce
qui n'arrive jamais lorsqu'il est tout
formé dans les corps qu'on soumet à la
distillation , tels que sont ceux qui ont
subil a putréfaction ; car ce Sel étant

infiniment plus léger & plus volatil
que les fubftances dont nous venons
de parler, les devance pour lors néceffairement dans la diftillation.

CHAPITRE XVI.

Idée générale de l'Analyfe chymique.

QUoique nous ayons parlé de toutes les fubftances qui entrent
dans la compofition des végétaux, des
animaux & des minéraux, tant comme principes primitifs , que comme
principes fécondaires , il ne fera pas
hors de propos de rapporter dans quel
ordre on retire les principes de ces
différens mixtes , fur-tout des végétaux & des animaux , parcequ'ils font
beaucoup plus compofés que les minéraux : c'eft ce qu'on appelle faire l'a-
nalyfe d'un mixte.

La méthode dont on fe fert le plus
fouvent pour décompofer les corps,
eft de les expofer dans des vaiffeaux
propres à raffembler ce qui s'en exhale
à une chaleur graduée, depuis le ter-

me le plus doux jufqu'au plus fort.
Par ce moyen, les principes fe féparent
fucceffivement les uns des autres ; les
plus volatils s'élévent les premiers, &
les autres enfuite, à mefure qu'ils
éprouvent le dégré de chaleur qui eft
capable de les enlever , c'eft ce qu'on
appelle diftiller.

Mais comme on s'eft apperçu que le
feu , en décompofant les corps, altére le plus fouvent très-fenfiblement
leurs principes fécondaires , en les
combinant diverfement les uns avec
les autres , ou même en les décompofant auffi en partie , & les réduifant en
principes primitifs, on a imaginé d'autres moyens de féparer ces principes,
fans le fecours du feu.

Ces moyens font de faire éprouver
aux mixtes qu'on veut décompofer
une violente compreffion , & d'exprimer ainfi tout ce qu'ils peuvent laiffer
échapper de leur fubftance par cette
méthode : ou bien de triturer long-
tems ces mêmes mixtes ; foit avec de
l'eau qui peut leur enlever tout ce qu'ils
ont de falin & de favoneux ; foit avec
des diffolvans capables de fe charger

L'EXPRES-
SION.

LA TRI-
TURATION.

de tout ce qu'ils contiennent d'huileux & de réſineux, tels que ſont les
eſprits ardens.

Nous allons expoſer ſommairement
ce que ces différens moyens peuvent
produire ſur les principales ſubſtances
végétales & animales, & même ſur
quelques minéraux.

Une infinité de ſubſtances végétales, telles que ſont les amandes & les
graines, fourniſſent par une violente
compreſſion, beaucoup d'une Huile
très-douce, très-graſſe, très-onctueu-
ſe, & indiſſoluble dans les eſprits ardens : ces Huiles ſont celles que nous
avons nommées Huiles par expreſſion.
On les nomme auſſi quelquefois Huiles graſſes, à cauſe de leur onctuoſité,
qui ſurpaſſe celle de toutes les autres
eſpéces d'Huile. Comme on retire ces
Huiles ſans le ſecours du feu, on eſt
ſûr qu'elles exiſtoient dans le mixte,
telles qu'on les voit ; & qu'elles n'ont
reçu aucune altération, qu'elles n'auroient pas manqué de recevoir, ſi on
les avoit retirées par la diſtillation ; car
par ce moyen on n'obtient jamais que
des Huiles âcres & diſſolubles dans
l'eſprit-de-vin.

HUILES
GRASSES
PAR EX-
PRESSION.

Quelques matières végétales, telles que font les écorces des citrons, limons, oranges, &c. fournissent aussi, en les pressant simplement entre les doigts, une grande quantité d'Huile qui fort en forme de petits jets fort fins, lesquels reçus sur une surface polie, comme celle d'une glace, se rassemblent, & forment une liqueur qui est une véritable Huile.

Mais il faut bien remarquer que ces fortes d'Huiles, quoique tirées par la seule expression, font pourtant très-différentes de celles dont nous venons de parler, & auxquelles le nom d'Huiles par expression est affecté ; car elles font infiniment plus légères, plus tenues, outre cela chargées de toute l'odeur des fruits qui les fournissent, & dissolubles dans l'esprit-de-vin ; en un mot ce font de véritables Huiles essentielles, mais qui existent en si grande quantité dans les fruits dont on les retire, & qui y font placées de façon, occupant une infinité de petites cellules disposées à la superficie de ces écorces, que la seule compression peut les en séparer ; ce qui n'arrive pas à l'égard de la plupart des autres matières végétales qui contiennent de l'Huile essentielle.

Les plantes succulentes & vertes fournissent par la compression une grande quantité d'une liqueur ou suc, qui est composé de la plus grande partie du phlegme, des sels & d'une petite portion de l'huile & de la terre de la plante. Ces sucs exposés dans un lieu frais pendant un certain tems, déposent des crystaux salins, qui font une combinaison de l'acide de la plante avec une partie de son huile & de sa terre, dans laquelle l'acide domine toujours. Ces Sels, comme on le voit, par la description que nous en faisons, ressemblent beaucoup au tartre du vin dont nous avons déja parlé. Ils portent le nom de Sels essentiels; ainsi le tartre pourroit aussi se nommer le Sel essentiel du vin.

Les plantes ligneuses, peu succulentes ou desséchées, ont besoin d'être triturées long-tems avec l'eau, pour donner leurs Sels essentiels. La trituration avec l'eau est un excellent moyen pour tirer d'elles ce qu'elles contiennent de salin & de savoneux.

Les Sels essentiels sont encore une de ces substances qu'on ne peut point retirer des mixtes par la distillation ; car ils se décomposent aussitôt qu'ils éprouvent l'action du feu.

L'acide qui domine dans les Sels essentiels des plantes, quoique le plus souvent analogue à l'acide végétal proprement dit, c'est-à-dire, à celui du vinaigre, & du tartre, qui n'est probablement que l'acide vitriolique altéré, en est cependant quelquefois différent, & a de la ressemblance avec l'acide nitreux, ou avec celui du sel marin : cela dépend des endroits où croissent les plantes dont on retire ces Sels. Si ce sont des plantes maritimes, leur acide a du rapport avec celui du Sel marin; si au contraire elles ont crû sur des murs, ou dans des terres nitreuses, leur acide ressemble à celui du nitre. Quelquefois une même plante contient des Sels analogues aux trois acides minéraux : cela fait voir que les acides végétaux ne sont que les acides minéraux qui ont souffert différentes altérations en passant dans les plantes.

Les

Les liqueurs qui contiennent les Sels essentiels des plantes, évaporées par une douce chaleur jusqu'à une consistence épaisse comme du miel, ou même plus grande, se nomment extraits. On voit par-là que l'extrait n'est que le sel essentiel d'une plante chargé de quelques parties huileuses & terreuses qui étoient demeuré suspendues dans la liqueur, & qui sont rapprochées par l'évaporation.

On fait aussi des extraits des plantes, en faisant évaporer de l'eau dans laquelle elles ont bouilli long-tems. Mais ces extraits sont moins parfaits, parceque le feu dissipe beaucoup de parties huileuses & salines.

On ne peut guères tirer des plantes par l'expression & la trituration, que les substances dont nous venons de parler. Mais par le moyen de la distillation, on parvient à en faire une analyse plus complette. Voici quel ordre il faut observer, quand on veut se servir de ce moyen pour tirer d'une plante, les différens principes qu'elle contient.

En l'exposant dans un vaisseau dis-

X

tillatoire, au bain-marie, à une très-douce chaleur, on en retire une eau chargée de toute son odeur. Cette liqueur a été nommée par quelques Chymistes, & en particulier par l'illustre M. Boherraave, Esprit recteur.

Si au-lieu de distiller la plante au bain-marie, on la distille à feu nud ; mais observant de mettre une certaine quantité d'eau avec elle dans le vaisseau distillatoire, afin qu'elle ne puisse éprouver un dégré de chaleur plus fort que celui de l'eau bouillante, tout ce que la plante contient d'huile essentielle s'éléve avec cette même eau, & au même dégré de chaleur.

Il faut observer là-dessus, que quand on a retiré l'Esprit recteur d'une plante, on n'en peut plus retirer d'huile essentielle ; ce qui donne lieu de croire que c'est cet esprit qui donne la volatilité à ces sortes d'huiles.

Lorsque cette huile est passée, en exposant la plante à feu nud & sans addition d'eau, & augmentant un peu la chaleur, on en retire du phlegme, qui peu à peu devient acide : après quoi, augmentant toujours la chaleur à mesure qu'il en est besoin, il sort une huile plus épaisse & plus lourde ; de quelques-unes, de l'Alkali volatil ; & enfin une huile noire, fort épaisse, & empyreumatique. Lorsqu'il ne sort plus rien du vaisseau au dégré de feu le plus fort, ce qui reste de la plante n'est qu'un véritable charbon, qui se nomme tête-morte ou terre-damnée ; ce charbon brulé se réduit en une cendre dont on retire un Alkali fixe, en la lessivant avec de l'eau.

TESTE-MORTE, OU TERRE-DAMNÉE.

ALKALI FIXE.

Il faut observer que lorsqu'on distille des plantes qui fournissent de l'acide & de l'alkali volatil, on trouve souvent ces deux sels très-distincts, & séparés l'un de l'autre dans le même récipient ; ce qui doit paroître singulier, attendu qu'ils sont faits pour s'unir l'un à l'autre, & qu'ils ont ensemble beaucoup d'affinité. La raison de ce phénomène est qu'ils sont chargés de beaucoup d'huile qui les embarrasse, de telle sorte qu'ils ne peuvent se joindre ensemble, & former un sel neutre, comme ils ne manqueroient pas de faire sans cela.

Toutes les matières végétales bru-

lées à feu ouvert & avec flamme , laiffent dans leurs cendres une grande
quantité d'alkali fixe , âcre & cauftique : mais lorfqu'on a foin de les
étouffer à mefure qu'elles brulent ;
d'empêcher qu'elles ne s'enflamment ,
en les couvrant de quelque matière
qui rabatte continuellement fur elles
ce qui s'en exhale , le fel qu'on retire
de leurs cendres eft beaucoup moins
âcre & cauftique : ce qui vient de ce
qu'une partie de l'acide & de l'huile
de la plante ayant été retenue dans la
combuftion , & n'ayant pu fe diffiper
librement , s'eft combinée avec fon alkali. Ces fels peuvent fe cryftalifer ;
& étant beaucoup plus doux que les
alkalis fixes ordinaires , peuvent être
employés dans la médecine & pris intérieurement. On les nomme Sels préparés à la manière de Takenius , parcequ'ils font effectivement de l'inven-
tion de ce fameux Chymifte.

Les plantes maritimes fourniffent
un alkali fixe , analogue à celui du fel
marin. A l'égard de toutes les autres
plantes, ou fubftances végétales , elles
en fourniffent qui font abfolument

ſemblables entre eux & de même nature lorſqu'ils ſont bien faits & bien
calcinés.

La dernière remarque que j'ai à
faire ſur la formation des alkalis fixes, c'eſt que ſi on a fait infuſer ou
bouillir dans l'eau la plante dont on
en veut tirer, avant de la bruler, on
en obtient une bien moindre quantité ; & même point du tout, ſi on a
fait ſubir à la plante un aſſés grand
nombre d'ébullitions pour la dépouiller entièrement des parties ſalines
qui concourent avec ſa terre à la formation de l'alkali fixe.

Les ſubſtances animales ſucculen- ANIMAUX.
tes, comme les chairs fraîches, four- SUCS, GE-
niſſent par la ſeule expreſſion un Suc LÉES, EX-
ou Jus, qui n'eſt autre choſe que le TRAITS DES
phlegme chargé de tous les principes MATIÈRES
de la matière animale, à l'exception ANIMALES.
de ſa terre dont il ne contient qu'une
petite quantité. Les parties dures ou
ſéches, comme les cornes, les os,
&c. fourniſſent un ſuc ſemblable, en
les faiſant bouillir dans l'eau. Ces Jus
deviennent épais, collans & gelati-
neux, lorſqu'on fait évaporer leurs

parties aqueuſes : ils ſont en cet état
de véritables extraits des matières animales. Ces Sucs ne dépoſent point de
cryſtaux de Sel eſſentiel , comme ceux
qui ſont tirés des végétaux.

Huile a-
nimale.

On ſépare aiſément ſans le ſecours
du feu , une bonne partie de l'huile
de la chair des animaux , qui eſt en
quelque ſorte diſtincte : elle eſt ordinairement figée , & porte le nom de
graiſſe. Cette Huile a quelque reſſemblance avec les Huiles graſſes des végétaux ; elle eſt comme elles douce
onctueuſe , indiſſoluble dans l'eſprit
de vin , ſe ſubtiliſe & s'atténue par
l'action du feu. Mais les matières animales ne contiennent point , comme
les végétales , d'huile légère & eſſen-
tielle qui s'éléve à la chaleur de l'eau
bouillante ; en ſorte qu'il n'y a à proprement parler dans les animaux
qu'une ſeule eſpéce d'huile.

Acide a-
nimal.

Il y a peu de matières animales qui
fourniſſent de l'acide. Les fourmis
& les abeilles ſont preſque les ſeules
deſquelles on en retire ; encore la
quantité en eſt-elle petite , & cet acide eſt-il extrêmement foible.

La raison de cela est que comme les animaux ne tirent pas immédiatement leur nourriture de la terre ; mais qu'ils ne se nourrissent que de végétaux ou de la chair des autres animaux, les acides minéraux qui ont déja éprouvé une grande altération par l'union qu'ils ont contractée avec les matières huileuses du régne végétal , éprouvent encore une union & une combinaison plus intime avec les parties huileuses , en passant par les organes & les couloirs des animaux ; ce qui détruit leurs propriétés , ou du moins les émousse de façon qu'elles sont méconnoissables.

Les matières animales fournissent dans la distillation , d'abord du phlegme, ensuite en augmentant le feu , une Huile assés claire , qui devient de plus en plus épaisse, noire , fœtide & empyreumatique. Elle est accompagnée d'une grande quantité d'alkali volatil, & quand on a poussé le feu jusqu'à ce qu'il ne puisse plus rien enlever, il reste dans le vaisseau distillatoire un charbon semblable à celui des végétaux ; excepté cependant

Huile
foetide.
Alkali
volatil.

X iv

que lorſqu'il eſt réduit en cendres, on
n'en retire point d'alkali fixe, ou du
moins preſque point, comme de celles
des végétaux : ce qui vient de ce que,
comme nous l'avons dit, le principe
ſalin des animaux étant plus intimement uni avec l'huile, que celui des
plantes, & par conſéquent plus atté-
nué & plus ſubtiliſé, n'a pas aſſés de
fixité pour entrer dans la combinaiſon de l'alkali fixe, & ſe trouve au
contraire plus diſpoſé à entrer dans
celle de l'alkali volatil, qui dans
cette occaſion ne s'élevant qu'après
l'huile, ne peut être méconnu pour
l'ouvrage du feu. Il faut obſerver que
depuis que nous parlons de l'Analyſe,
il n'a été queſtion que des matières qui
n'ont éprouvé aucune eſpéce de fermentation.

LE CHYLE
ET LE LAIT.
Le chyle & le lait des animaux qui
ſe nourriſſent de plantes, reſſemblent
encore aux végétaux, parceque les
principes dont ces liqueurs ſont compoſées n'ont point encore ſubi tous
les changemens qui doivent leur arri-
ver avant d'entrer dans la combinaiſon animale.

L'urine & la sueur sont des li-L'URINE ET
queurs aqueuses *excrémentielles*, qui LA SUEUR.
sont principalement chargées des parties salines qui ne peuvent servir à la
nourriture de l'animal, & qui passent
dans ses couloirs sans recevoir d'altération, tels que sont les Sels neutres qui ont pour base un alkali-fixe,
& en particulier le Sel marin, qui se
trouve dans les alimens que prennent
les animaux; soit qu'il y existe naturellement, comme dans certaines plantes, soit que ces mêmes animaux
l'ayent mangé pour flatter leur gout.

La salive, le suc pancréatique, & LA SALI-
sur-tout la bile, sont des liqueurs sa- VE, LE SUC
voneuses, c'est-à-dire, composées de PANCRÉA-
parties salines & huileuses, combi- TIQUE ET
nées ensemble de telle sorte qu'étant LA BILE.
dissoutes elles-mêmes dans un fluide
aqueux, elles sont capables de dissoudre aussi les parties huileuses, & de
les rendre miscibles avec l'eau.

Enfin, le sang étant le réceptacle LE SANG
de toutes ces liqueurs, participe de
leur nature, plus ou moins, à proportion de la quantité qu'il en contient. LES MINÉ-
Il n'en est point des minéraux com- RAUX.

me des végétaux & des animaux, ils font beaucoup moins compofés que ces corps organifés, & leurs principes font beaucoup plus fimples ; d'où il fuit qu'ils font auffi plus difficiles à décompofer, & qu'on ne peut guères le faire fans le fecours du feu, qui n'ayant pas fur leurs principes la même action & la même puiffance, n'a pas auffi à leur égard les mêmes inconvéniens qu'à l'égard des corps organifés ; je veux dire d'altérer ou même de détruire entièrement ces mêmes principes.

Je ne parle point ici des terres pures, & vitrifiables ou réfractaires, des métaux & demi-métaux fimples, des acides purs, ni même de leurs plus fimples combinaifons, telles que font le foufre, le vitriol, l'alun, le fel marin ; nous avons parlé fuffifamment de toutes ces fubftances.

Il s'agit actuellement de corps moins fimples, & par conféquent plus fufceptibles d'analyfe. Ces corps font des amas & des combinaifons de ceux que nous venons de nommer ; c'eft-à-dire, des fubftances métalliques qui fe trouvent unies dans les entrailles de la terre avec différentes efpéces de fables, de pierres & de terres, des demi-métaux, du foufre, &c. Ces compofés fe nomment Mines, lorfque la matière métallique eft avec les autres en telle proporrion, qu'on peut l'en féparer avec fruit & gain : quand c'eft le contraire, on les nomme Pyrites & Marcaffites, fur-tout fi c'eft le foufre & l'arfénic qui dominent, comme cela arrive le plus fouvent.

Lorfqu'on veut faire l'analyfe d'u-ne Mine, & en retirer le métal qu'elle contient, il faut commencer par la débarraffer d'une grande quantité de terres & de pierres, qui ne lui font ordinairement unies que groffière-ment & fuperficiellement. Cela fe fait en réduifant la mine en poudre, & la lavant enfuite dans de l'eau, au fond de laquelle les parties métalli-ques fe raffemblent, comme les plus lourdes, tandis qu'elle eft encore char-gée des petites parties terreufes & pierreufes qui s'y foutiennent plus long-tems.

La partie métallique demeure par ce moyen combinée seulement avec les matières qui font capables de contracter avec elle une union plus intime. Ces substances font le plus souvent le soufre & l'arsénic. Or comme elles font beaucoup plus volatiles que les autres matières métalliques, en exposant ces Mines à un dégré de chaleur convenable, on parvient à les faire dissiper en vapeurs, ou même à consumer le soufre par la combustion. Ces vapeurs sulphureuses & arsénicales peuvent être retenues, & rassemblées dans des vaisseaux, ou dans des lieux convenables, si on est curieux de les avoir seules. Cette opération se nomme la torréfaction des Mines.

Enfin, le métal ainsi dépuré est en état d'être exposé à un feu plus violent, capable de le faire entrer en fusion.

Il est nécessaire dans cette occasion, pour les demi-métaux & les métaux imparfaits, d'ajouter quelque matière abondante en phlogistique, particulièrement le charbon pulvérisé, parceque ces substances métalliques perdant leur

phlogiftique par l'action du feu , ou
des diffolvans qui leur étoient unis ,
ne pourroient prendre leur brillant
& leur ductilité métallique fans cette précaution. Il fe fait pour lors une
féparation plus exacte de la fubftance
métallique d'avec les parties terreufes
& pierreufes , dont il refte toujours
une certaine quantité de combinée
avec elle avant ce tems. Car nous
avons dit qu'il n'y a que les verres
& chaux métalliques qui puiffent contracter union avec ces matières,& que
les métaux pourvus de leur phlogiftique & de leur forme métallique en
font abfolument incapables.

Le métal donc , dans cette occa-
fion, fe raffemble & occupe le fond
du vaiffeau comme étant plus péfant ,
tandis que les matières hétérogênes
le furnagent fous la forme de verre
ou de demi-vitrification. Les matières furnageantes prennent le nom de
fcories , & la fubftance métallique du
fond celui de régul.

Il arrive fouvent que le régul métallique ainfi précipité , eft lui-même
un compofé de plufieurs métaux alliés

enfemble , & qu'il s'agit de féparer. Nous ne pouvons entrer maintenant dans ce détail , que nous réfervons pour la feconde Partie de ce Traité, dont on peut voir d'ailleurs tout le fondement , dans ce que nous avons dit des propriétés des différens métaux & des acides.

Il eft bien important de remarquer, avant de quitter cette matière , que les régles que nous venons de donner pour l'analyfe des Mines ne font point abfolument générales. Souvent, par exemple, il eft utile de faire fubir aux Mines la torréfaction avant la laution, parceque le feu ouvre, atténue , & rend aifément friables des Mines qui exigeroient beaucoup de peines & de dépenfes à caufe de leur extrême dureté , fi on entreprenoit de les pulvérifer avant de les avoir torréfiées.

Souvent auffi il eft néceffaire de ne féparer qu'une partie de la pierre de la Mine ; de la lui laiffer entièrement ; quelquefois même d'y en ajouter de nouvelle , avant de la mettre en fufion. Cela dépend de la qualité & de

la nature de la pierre, qui eſt toujours
très-utile à la fuſion, quand elle ſe
trouve elle-même très-fuſible & très-
vitrifiable. Elle ſe nomme pour lors
le fondant de la Mine. Mais il en eſt
de cet article comme du précédent,
il nous ſuffit actuellement d'énoncer
les principes fondamentaux ſur leſquels ſont appuyés les raiſons de tous
les procédés, & les opérations chymiques dont la deſcription fera le
ſujet de la ſeconde Partie.

On trouve encore dans les entrailles
de la terre une autre eſpéce de corps
aſſés compoſé, dont nous avons déja
dit quelque choſe ; mais qu'on ſoup-
çonne avec vraiſemblance appartenir
autant au régne végétal, qu'au minéral ; je veux parler des Bitumes, que les
meilleures obſervations doivent nous
faire regarder comme des huiles végétales, qui ayant ſéjourné dans la terre, ont contracté union avec les acides minéraux, & ont acquis par ce
moyen l'épaiſſiſſement, la conſiſtence
& les propriétés qu'on leur connoît.

Ils ſe réduiſent par la diſtillation
en huile & en acide qui approche des

minéraux. M. Bourdelin , Membre
de l'Académie Royale des Sciences &
de la Faculté de Médecine de Paris ,
a même démontré par un procédé
très-adroit & très-ingénieux , que le
fuccin contient de l'acide du fel marin. Voyez les Mémoires de l'Académie Royale des Sciences.

CHAPITRE XVII.

Explication de la Table des Affinités.

TABLE
DES AFFI-
NITE's.

NOus avons vu dans le cours
de cet Ouvrage , que prefque
tous les phénoménes que préfente la
Chymie , font fondés fur les affinités
qu'ont enfemble les différentes fubftances , fur-tout celles qui font les
plus fimples. Nous avons expliqué ,
(ci - devant Chapitre II.) ce que
nous entendons par affinités , & nous
avons donné les principales régles aufquelles font foumis ces rapports des
différens corps. Feu M. Geoffroi ,
Docteur en Médecine de la Faculté de
Paris , Membre de l'Académie des
Sciences ,

Sciences , & un des meilleurs Chymiftes que nous ayons eu , convaincu
de l'utilité qu'il y auroit pour ceux
qui cultivent la Chymie , d'avoir
toujours préfens à l'efprit les rapports
les mieux conftatés des principaux
Agens Chymiques, a imaginé le premier de les mettre en ordre , & de
les réunir fous un feul point de vue,
par le moyen d'une Table qui les raffemble tous. Nous croyons , comme
ce grand homme , que cette Table eft
très-utile à ceux qui commencent à
apprendre la Chymie , pour fe former une idée jufte du rapport que les
différentes fubftances ont les unes
avec les autres ; & que les Chymiftes
y trouveront une méthode aifée pour
découvrir ce qui fe paffe dans plufieurs de leurs opérations difficiles à
démêler , ainfi que ce qui doit réful-
ter des mélanges qu'ils font de différens corps mixtes. C'eft pour cette
raifon que nous nous fommes déterminés à l'inférer à la fin de ce Traité
élémentaire , & à en donner une cour-
te explication : elle aura même encore ici l'utilité de fervir comme de

X.

récapitulation de tout l'Ouvrage, dans lequel les axiomes de cette Table se trouvent difperfés.

Je la donne ici telle qu'elle a été dreffée par M. Geoffroi, fans y faire aucune addition ni changement, dont j'avoue cependant qu'elle eft fufceptible, attendu que depuis la mort de ce grand Chymifte on a fait beaucoup d'expériences, dont les unes indiquent de nouvelles affinités, & les autres forment des exceptions à quelques-unes de celles qu'il avoit établies. Mais plufieurs raifons m'engagent à ne point donner ici une nouvelle Table d'Affinités, contenant tous les changemens & innovations qu'on pourroit faire à l'ancienne.

La première, c'eft qu'une bonne partie de ces Affinités nouvellement découvertes, ne font pas encore affés bien conftatées; qu'elles font au contraire fujettes à des difcuffions; en un mot expofées à des objections & à des exceptions peut-être encore plus confidérables que les anciennes.

La feconde, c'eft que la Table de M. Geoffroi contenant prefque toutes les Affinités fondamentales, convient mieux dans un Traité élémentaire, qu'une Table beaucoup plus ample, qui fuppoferoit néceffairement la connoiffance de beaucoup de chofes dont nous n'avons pu parler, & dont même il ne convenoit pas de rien dire dans ce Livre.

Cependant, comme il eft effentiel de n'induire perfonne en erreur, nous ne laifferons pas, à mefure que nous expliquerons les Affinités indiquées par M. Geoffroi, de faire mention des principales objections & exceptions dont elles font fufceptibles; nous en ajouterons auffi un très-petit nombre de nouvelles, & feulement de celles qui font élémentaires, & les mieux conftatées.

La première ligne de la Table de M. Geoffroi comprend différentes fubftances qu'on emploie en Chymie. Au-deffous de chacune de ces fubftances, font rangées par colonnes différentes matières comparées avec elles, dans l'ordre de leur rapport avec cette première fubftance ; en forte que celle qui en eft la plus proche eft

Table des Affinité's.

celle qui y a le plus de rapport, ou celle qu'aucune des substances qui sont au-dessous ne sauroit en détacher, mais qui les détache toutes lorsqu'elles y sont jointes, & les écarte pour s'unir à elle. Il en est de-même de celle qui occupe la seconde place d'Affinité; c'est-à-dire, qu'elle a la même propriété à l'égard de toutes celles qui sont au-dessous d'elle, & qu'elle ne le céde qu'à celle qui est au-dessus, & ainsi de toutes les autres.

Affinités de l'Acide en général.

On voit à la tête de la première colonne le caractère qui désigne l'Acide en général. Immédiatement au-dessous de ce signe, on voit celui de l'Alkali fixe, qui a été placé là comme la substance qui a avec l'Acide la plus grande affinité. Après l'Alkali fixe, on voit l'Alkali volatil, dont l'affinité avec l'Acide ne le céde qu'à l'Alkali fixe. Ensuite viennent les Terres absorbantes; & enfin les Substances métalliques. De-là il suit qu'un Alkali fixe uni à l'Acide, ne peut en être séparé par aucune autre substance; qu'un Alkali volatil uni à l'Acide,

ne peut en être séparé que par l'Alkali fixe ; qu'une Terre absorbante
combinée avec un Acide, peut en être
séparée par un Alkali fixe ou volatil ;
qu'enfin une Substance métallique
quelconque, combinée avec un Acide, peut en être séparée par les Alkalis fixes & volatils, & par les Terres
absorbantes.

Il y á plusieurs remarques importan-
tes à faire sur cette première colonne. Prémièrement il est trop général de dire qu'un Acide quelconque
a avec l'Alkali fixe plus d'affinité qu'a-
vec aucune autre substance : aussi M.
Geoffroi a-t-il fait une exception pour
l'Acide vitriolique ; & l'on voit à la
quatriéme colonne, à la tête de laquelle se trouve cet Acide, le signe
du Phlogistique placé au-dessus de celui de l'Alkali fixe, comme ayant plus
de rapport avec l'Acide vitriolique
que l'Alkali fixe. Cela est fondé sur
la fameuse expérience, suivant laquelle on décompose le Tartre vitriolé & le Sel de Glauber par l'interméde du Phlogistique, qui sépare les
Alkalis fixes de ces Sels neutres, &

s'unit avec l'Acide vitriolique qu'ils contiennent, pour former du soufre.

Secondement, la détonnation & la décomposition du Nitre, par le contact d'une matière inflammable quelconque actuellement embrasée, & l'opération par laquelle on fait le Phosphore, qui n'est qu'une décomposition du Sel marin dont l'Acide quitte sa base alkaline pour se combiner avec le Phlogistique, fournissent des motifs très-forts de croire que ces deux Acides ont, aussi-bien que le vitriolique, une plus grande affinité avec le Phlogistique, qu'avec les alkalis fixes. Enfin, plusieurs expériences indiquant que les Acides végétaux ne sont que les minéraux déguisés & affoiblis, on peut soupçonner avec assés de fondement, que l'Acide en général a plus de rapport avec le Phlogistique qu'avec les Alkalis fixes; & qu'ainsi, au-lieu de faire une exception pour l'Acide vitriolique, il feroit peut-être mieux d'établir cette affinité comme générale par rapport à un Acide quelconque, & de placer dans la première colonne le signe du

Phlogiſtique, immédiatement au-deſ- TABLE
ſous de celui de l'Acide. Cette théorie DES AFFI-
demande cependant à être confirmée NITE'S.
encore par d'autres expériences. (a)

Troiſiémement, dans cette même colonne, le ſigne de l'Alkali volatil eſt placé au-deſſus de celui des Terres abſorbantes, comme ayant plus d'af-finité qu'elles avec l'Acide ; & cepen-dant ces mêmes Terres abſorbantes décompoſent les Sels ammoniacaux, détachent l'Alkali volatil des acides, & ſe ſubſtituent à leur place. Cette objection eſt une des premières qu'on ait faites contre la Table de M. Geof-froi. Il y a répondu par un Mémoire imprimé dans le volume de ceux de l'Académie des Sciences, où ſe trouve ſa Table ; c'eſt celui de l'année 1718.

(a) M Margraaf ſçavant Chymiſte Alle-mand, a fait pluſieurs expériences qui lui font croire que l'Acide du phoſphore eſt d'une eſ-péce particulière, & différe de celui du Sel marin. Peut-être eſt-ce l'Acide marin, mais altéré par l'union qu'il a contractée avec le Phlogiſtique, & eſt-il à l'égard du phoſphore ce qu'eſt l'Eſprit ſulphureux volatil par rap-port au Soufre. Voyez les Mémoires de l'A-cadémie Royale des Sciences de Berlin.

Nous avons déclaré en traitant de l'Alkali volatil, ce que nous penfons là-deffus.

Quatriémement, M. Geoffroi, Membre de l'Académie des Sciences, frère de l'Auteur de la Table des Affinités, & qui ne fait pas moins d'honneur à la Chymie que cet illuftre Médecin, a donné en 1744. un Mémoire qui contient une exception à la dernière des affinités de notre première colonne ; je veux dire celle qui place les Terres abforbantes au-deffus des Subftances métalliques. Il a fait voir dans ce Mémoire, que l'Alun peut être converti en Vitriol de mars, en le faifant bouillir dans des vaiffeaux de fer ; que le fer précipite la terre de l'alun dans cette occafion, la fépare de l'acide, & fe fubftitue à fa place; & par conféquent paroît avoir plus d'affinité avec l'Acide vitriolique, que la Terre abforbante de l'alun.

A la tête de la feconde colonne, on voit le figne de l'Acide marin, qui dénote que c'eft des affinités de cet acide qu'il eft queftion dans cette colonne. Immédiatement au-deffous,

eft

est placé le signe de l'Etain. Comme
c'est une substance métallique, & que
les substances métalliques sont placées les dernières en affinités, dans
la première colonne qui exprime celles d'un Acide quelconque, il est clair
qu'il faut supposer ici au-dessus du
signe de l'Etain, les Terres absorbantes, les Alkalis volatils, & les Alkalis fixes. L'Etain est donc de toutes
les substances métalliques, celle qui
a la plus grande affinité avec l'Acide
marin, ensuite le Régul d'Antimoine, puis le Cuivre, l'Argent, & le
Mercure. L'Or est placé le dernier de
tous, & même il y a deux cases de
vacantes au-dessus de lui. Il est en
quelque sorte par ce moyen hors du
rang des substances qui ont affinité
avec l'Acide marin. La raison de cela
est que cet Acide seul est incapable de
dissoudre l'Or, & de se combiner avec
lui ; il a besoin nécessairement de l'a-
cide nitreux, ou au moins du phlogistique pour y parvenir.

La troisiéme colonne représente
les affinités de l'Acide nitreux. Le signe qui le désigne se trouve à la tête.

Z

Immédiatement au-deſſous , ſe trouve
celui du Fer , comme celui de tous les
métaux qui a la plus grande affinité
avec cet Acide , puis d'autres métaux , ſuivant l'ordre de leur rapport ;
ſavoir le Cuivre , le Plomb , le Mercure & l'Argent. On doit ſuppoſer
dans cette colonne , comme dans la
précédente , les ſubſtances qui ſont
au-deſſus des matières métalliques
dans la première colonne , placées
ſuivant leur ordre avant le Fer.

La quatriéme colonne eſt deſtinée
à exprimer les affinités de l'Acide vitriolique. Ici M. Geoffroi a placé le
Phlogiſtique , comme la ſubſtance qui
a la plus grande affinité avec cet Acide , par la raiſon que nous en avons
donnée en expliquant la première colonne. Il a placé au-deſſous , les alkalis fixes , volatils & les terres abſorbantes , pour marquer que c'eſt une
exception à cette première colonne. A
l'égard des ſubſtances métalliques , il
n'en a mis que trois , qui ſont celles
avec leſquelles l'Acide vitriolique a
les affinités les plus marquées : ces
métaux ſont ſuivant l'ordre de leur

rapport, le Fer, le Cuivre & l'Argent.

Il est question dans la cinquième colonne des affinités des Terres absorbantes. Comme ces Terres n'ont d'affinités marquées qu'avec les Acides, on voit ici simplement les signes des Acides, placés suivant leur dégré de force, ou leur plus grande affinité avec les terres ; savoir l'Acide vitriolique, le nitreux & le marin. On pourroit placer au-dessous de celui-ci, le signe de l'Acide du Vinaigre ou des Acides végétaux.

La sixième colonne représente les affinités des Alkalis fixes avec les Acides, qui sont les mêmes que celles des Terres absorbantes. On y trouve de plus le Soufre placé au-dessous de tous les Acides, parceque le Foie de Soufre, qui est une combinaison du Soufre avec un Alkali fixe, est effectivement décomposé par un Acide quelconque, qui précipite le Soufre, & se joint avec l'Alkali.

On pourroit placer ici, immédiatement au-dessus du Soufre, ou dans la même case que lui, un signe qui désignât l'Esprit sulphureux volatil, parcequ'il a, de-même que le Soufre, moins d'affinité avec les Alkalis fixes que tout autre acide. On pourroit aussi placer les Huiles à côté du Soufre, parcequ'elles s'unissent aux Alkalis fixes, & forment avec elles des savons, qui sont décomposés par un acide quelconque.

La septiéme colonne exprime les affinités des Alkalis volatils : elles sont les mêmes que celles des terres absorbantes. On pourroit aussi par la même raison, placer au-dessous de l'Acide marin les Acides végétaux.

La huitiéme colonne expose les affinités des Substances métalliques avec les Acides. Ici l'ordre des rapports des Acides qui s'est trouvé le même pour les alkalis fixes, les alkalis volatils & les terres absorbantes, se trouve dérangé. L'Acide marin, au-lieu d'être placé au-dessous des Acides vitriolique & nitreux, se trouve au contraire le premier en tête, parcequ'effectivement cet acide sépare les Substances métalliques de tous les autres acides avec lesquels elles peuvent être jointes, & prend la place de ces acides ausquels il fait quitter prise. Cette régle n'est pourtant pas générale ; il faut en excepter plusieurs Substances métalliques, sur-tout le Fer & le Cuivre.

On voit dans la neuviéme colonne les affinités du Soufre. L'Alkali fixe, le Fer, le Cuivre, le Plomb, l'Argent, le Régul d'Antimoine, le Mercure & l'Or, sont placés au-dessous de lui, suivant l'ordre de leurs affinités. Il faut remarquer à l'égard de l'Or, qu'il ne peut s'unir avec le Soufre pur, & qu'il ne se laisse dissoudre que par le Foie de Soufre, qui est comme on sait une combinaison de Soufre & d'Alkali fixe.

A la tête de la dixiéme colonne se trouve le Mercure, & au-dessous de lui différentes substances métalliques, suivant l'ordre de leurs affinités avec lui. Ces substances métalliques sont l'Or, l'Argent, le Plomb, le Cuivre, le Zinc, & le Régul d'Antimoine.

Il est bon d'observer au sujet de cette colonne, que le Régul d'Antimoine, qui y est placé le dernier,

ne s'unit que très - imparfaitement
avec le Mercure, & que lorsqu'on est
parvenu à faire contracter une union
apparente à ces deux substances métalliques, en les triturant long-tems
ensemble, & y ajoutant de l'eau,
cette union n'est pas de longue durée.
Elles se séparent d'elles-mêmes l'une
de l'autre quelque tems après. On ne
trouve point ici le Fer & l'Etain; le
premier, avec raison, car jusqu'à
présent il n'y a aucune expérience
connue par laquelle il soit constant
qu'on ait combiné le Mercure avec ce
métal. Mais il n'en est pas de-même
de l'Etain, qui s'amalgame fort bien
avec le Mercure, & qui pourroit être
dans cette colonne, environ entre le
Plomb & le Cuivre. Je dis environ,
car les différens dégrés d'affinités des
substances métalliques avec le Mercure ne sont pas si bien déterminés,
que les autres rapports dont nous
avons parlé jusqu'à présent; attendu
qu'elles s'unissent avec lui pour la plupart, sans s'exclure les unes les autres. On ne peut donc guères juger
de leur dégré d'affinité, que par la

facilité plus ou moins grande qu'elles ont à s'amalgamer avec lui.

La onziéme colonne, marque que l'affinité du Plomb est plus grande avec l'Argent qu'avec le Cuivre.

La douziéme, que celle du Cuivre est plus grande avec le Mercure qu'avec la Pierre calaminaire.

La treiziéme, que celle de l'Argent est plus·grande avec le Plomb qu'avec le Cuivre.

La quatorziéme contient les affinités du Fer. Le Régul d'Antimoine est placé immédiatement au-dessous, comme la substance métallique qui a la plus grande affinité avec lui. On voit au-dessous du Fer, dans la même case, l'Argent, le Cuivre & le Plomb, parceque les dégrés d'affinités de ces métaux avec le Fer ne sont pas absolument bien déterminés.

Il en est de-même de la quinziéme colonne, le Régul d'Antimoine est à la tête, le Fer est immédiatement au-dessous, & les trois mêmes métaux dans une même case, au-dessous du Fer.

Enfin, la seiziéme indique que

TABLE
DES AFFINITÉ'S.

AFFINITÉS
DU PLOMB.

DU CUIVRE.

DE L'ARGENT.

DU FER.

DU RÉGUL
D'ANTIMOINE.

DE L'EAU.

Z iv

l'Eau a plus d'affinité avec l'Efprit-de-vin qu'avec le Sel. Par cette ex-preffion générale, il ne faut point en-tendre une fubftance faline quelcon-que ; mais feulement les Sels neutres, que l'Efprit-de-vin fépare d'avec l'Eau qui les tient en diffolution. Les Al-kalis fixes, au contraire, & les Aci-des minéraux ont plus d'affinité avec l'Eau que l'Efprit-de-vin. Ces fubf-tances falines bien déphlegmées & mêlées avec l'Efprit-de-vin, fe char-gent de l'eau qu'il contient, & le dé-phlegment lui-même.

On pourroit encore ajouter une petite colonne, à la tête de laquelle feroit l'Efprit-de-vin ; immédia-tement au-deffous feroit le figne de l'Eau, & après l'Eau, le figne de l'Huile. Cette colonne indiqueroit que l'Efprit-de-vin a plus d'affinité avec l'Eau qu'avec les Huiles, par-cequ'effectivement une matière hui-leufe quelconque, que l'Efprit-de-vin tient en diffolution, peut en être fé-parée par le moyen de l'Eau. Il n'y a d'exception à cette loi que dans un feul cas, qui eft celui où la fubftance

huileuse participeroit de la nature du
savon, par l'union qu'elle auroit
contractée avec une matière saline.

Voilà ce que nous avons à dire de
plus important sur la Table des Affinités de M. Geoffroi. Elle est, comme
nous avons dit, d'une très-grande utilité, pour rassembler sous un seul
point de vue les principales vérités
énoncées dans ce Traité.

Il sera même très-avantageux de ne
pas attendre qu'on l'ait entièrement
lu pour la consulter, mais d'y avoir
recours en le lisant, chaque fois qu'il
sera question de quelque affinité. Elle
la fixera en quelque sorte encore
mieux dans la mémoire, en la repré-
sentant aux yeux.

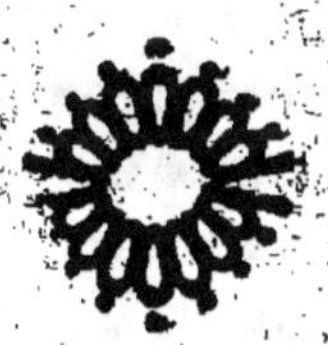

CHAPITRE XVIII.

Théorie de la construction des vaisseaux les plus usités en Chymie.

LES VAIS-
SEAUX.

LEs Chymistes ne peuvent pratiquer les opérations de leur Art sans le secours d'un assés grand nombre de vaisseaux, d'instrumens & de fourneaux, propres à contenir les corps sur lesquels ils veulent opérer, & à leur appliquer les différens dégrés de chaleur nécessaires pour les différens procédés ; il est donc à propos, avant de donner le Traité des Opérations, d'entrer dans quelque détail, sur ce qui regarde les instrumens avec lesquels on les exécute. L'illustre M. Boerrhaave a divisé le Livre qu'il a donné sur la Chymie en deux parties, dont la première traite de la théorie, & la seconde, de la pratique de cette Science. Le sçavant M. Cramer a partagé de-même l'excellent Traité qu'il a composé sur la Docimasie. Ces deux grands hommes ont renfermé dans la partie théorique , tout ce qui con-cerne la description des instrumens chymiques , & cela par la raison que nous venons d'en donner. Nous ne croyons donc pouvoir mieux faire , puisque notre Ouvrage se trouve divisé comme le leur , de les imiter aussi en cette partie.

Les vaisseaux qui servent aux opérations chymiques devroient pour être parfaits pouvoir éprouver sans se casser , une grande chaleur & un grand froid appliqués subitement , être impénétrables à toute matières & n'être altérables par aucuns dissolvans , être invitrifiables , & pouvoir supporter la plus violente chaleur sans entrer en fusion ; mais jusqu'à présent on ne connoît point de vaisseaux qui rassemblent toutes ces qualités.

On en fait avec plusieurs matières , savoir avec des métaux , du verre , & des terres. Les vaisseaux de métal , sur-tout ceux qui sont faits de fer ou de cuivre , sont sujets à être rongés par presque toutes les substances salines , huileuses , & même aqueuses. C'est ce qui est cause que

pour les rendre d'un usage un peu
plus étendu, on les enduit d'étain in
térieurement ; mais malgré cette précaution ils sont infidéles dans une in
finité d'occasions, & ne doivent point
être employés dans les opérations délicates & qui exigent beaucoup d'é-
xactitude, ils ne peuvent outre cela
résister à la violence du feu.

Les vaisseaux de terre sont de plusieurs espéces. Quelques-uns, dont la
matière est une terre réfractaire, sont
capables d'être exposés subitement au
grand feu, sans se casser, & même
de résister assés long-tems à une grande chaleur ; mais ils sont pour la plupart perméables, tant aux vapeurs
des matières qu'ils contiennent,
qu'aux verres métalliques, particulièrement à celui du plomb qui les
pénétre facilement & passe à travers
leurs pores, comme par un crible.
D'autres sont faits d'une terre, qui
étant recuite, paroît comme demi-vitrifiée : ils sont beaucoup moins poreux, capables de retenir les vapeurs
des matières qu'ils contiennent, &
même le verre de plomb en fusion ;

(ce qui eſt une des plus rudes épreu- LES VAIS-
ves auſquelles on puiſſe ſoumettre les SEAUX.
vaiſſeaux) mais auſſi ils ſont plus fragiles que les autres.

Les vaiſſeaux de bon verre doivent
toujours être employés par préférence
à tous les autres, toutes les fois que
cela ſe peut, tant parcequ'ils ne donnent point de priſe aux diſſolvans les
plus actifs, & qu'ils ne laiſſent rien
tranſpirer de ce qu'ils contiennent,
que parcequ'étant tranſparens, ils
laiſſent la liberté au Chymiſte, d'obſerver ce qui ſe paſſe dans leur intérieur; ce qui eſt toujours utile & in-
téreſſant : mais il eſt fâcheux que ces
ſortes de vaiſſeaux ne puiſſent réſiſter
à la violence du feu, ſans entrer en
fuſion. Nous aurons attention en dé-
crivant les différentes eſpéces d'inſ-
trumens Chymiques & la manière de
les employer, d'indiquer quels vaiſſeaux ſont préférables aux autres dans
les différentes occaſions.

La diſtillation eſt, comme nous l'a-
vons dit, une opération par laquelle
on ſépare d'un corps, à l'aide d'une
chaleur graduée, les différens principes qui le compoſent.

Il y a trois manières de diftiller. La première eft d'appliquer la chaleur au-deffus du corps dont on veut tirer les principes. Dans ce cas, comme les liqueurs échauffées & réduites en vapeurs tendent toujours à s'éloigner du centre de la chaleur, elles font obligées de fe réunir dans la partie inférieure du vafe qui contient la matière dont on fait la diftillation, & de paffer à travers les pores ou trous de ce même vafe, pour tomber dans un autre vafe froid qu'on ajufte deffous pour les recevoir. Cette manière de diftiller fe nomme à caufe de cela, diftillation *per defcenfum*; elle n'exige point d'autre appareil que deux vafes ayant la figure d'un fegment de fphère creufe, dont l'un qui eft percé de petits trous, & deftiné à contenir la matière qu'on veut diftiller, doit être beaucoup plus petit que l'autre qui doit contenir du feu & s'appliquer exactement fur lui, le tout enfemble étant foutenu verticalement fur un troifiéme vaiffeau, deftiné à fervir de récipient; dans l'orifice duquel la partie convexe

du vaiſſeau contenant la matiè-
re à diſtiller doit s'introduire, &
le boucher exactement. Cette manière de diſtiller eſt très - peu en
uſage.

La ſeconde manière de diſtiller, eſt
d'appliquer la chaleur ſous la matière
qu'on veut décompoſer. Dans cette
occaſion, les liqueurs échauffées, ra-
réfiées & réduites en vapeurs, s'é-
lévent & vont ſe condenſer dans un
vaiſſeau deſtiné à cela, dont nous allons donner la deſcription. Cette manière de diſtiller ſe nomme diſtillation *per aſcenſum* ; elle eſt fort en
uſage.

Le vaiſſeau dans lequel on fait la
diſtillation *per aſcenſum* ſe nomme
Alembic. Il y a pluſieurs ſortes d'a-
lembics qui diffèrent les uns des autres, par la matière & la manière
dont ils ſont compoſés.

Ceux qu'on emploie pour retirer
des plantes les eaux odorantes, &
les huiles eſſentielles, ſont ordinairement de cuivre. Ils ſont compoſés
de pluſieurs piéces. La première qui
eſt deſtinée à contenir la plante, a la

figure à peu près d'un cône creux,
dont la pointe est prolongée en forme
de cilindre creux ou de tuyau : cette
partie se nomme cucurbite, & son
tuyau col de l'alembic. Ce tuyau est
surmonté d'un autre vase avec lequel
il est soudé, qui se nomme chapiteau,
qui a aussi assés ordinairement la forme d'un cône, qui est joint au col
de l'alembic par sa base, autour de
laquelle, dans la partie intérieure, est
pratiquée une rigole, qui communique avec un orifice ouvert dans sa
partie la plus déclive. A cet orifice est
soudé un petit tuyau dont la direction est oblique de haut en bas ; il
porte le nom de bec du chapiteau.

Les matières contenues dans l'a-
lembic étant échauffées, il s'en éléve
des vapeurs qui montent le long du
col de l'alembic jusque dans le chapiteau, aux parrois duquel elles s'arrêtent, se condensent, & d'où elles
tombent par petits ruisseaux jusque
dans la rigole qui les conduit dans le
bec du chapiteau, & de-là hors de
l'alembic dans un vaisseau de verre
à long col, dans le col duquel le bec
est

eſt introduit , & avec lequel il doit
être luté.

Pour faciliter le refroidiſſement &
la condenſation des vapeurs qui cir-
culent dans le chapiteau , tous les
alembics de métal ont encore une
autre piéce qui eſt une eſpéce de grand
ſeau de même métal , ajuſté & ſoudé
autour du chapiteau. Cette piéce ſert
à contenir de l'eau bien froide , qui
raffraîchit continuellement ce même
chapiteau : cette piéce ſe nomme pour
cela le réfrigérent. L'eau du réfrigérent s'échauffe elle-même au bout
d'un certain tems , c'eſtpourquoi il
faut la renouveller de tems en tems :
on retire par le moyen d'un robinet
placé dans la partie inférieure du réfrigérent , celle qui commence à
s'échauffer. Les alembics de cuivre
doivent tous être étamés intérieurement , par les raiſons que nous en
avons données.

Lorſqu'on veut diſtiller des eſprits
ſalins , alors les alembics de métal ne
peuvent être d'aucun uſage , parcequ'ils ſeroient rongés par les vapeurs
ſalines. Il faut avoir recours dans ce

cas, à des alembics de verre. Ceux-ci
ne font compofés que de deux piéces,
favoir d'une cucurbite, dont l'orifice fupérieur peut s'introduire dans
le chapiteau, qui eft la feconde piéce,
& fe luter exactement avec lui.

En général, les alembics exigeant
que les vapeurs des matières qu'on
diftille s'élévent affés haut, ne doivent être employés que lorfqu'on veut
retirer d'un corps les principes les
plus volatils. Et plus les fubftances
qu'on veut féparer par la diftillation,
font légères & volatiles, plus il faut
que les alembics dont on fe fert ayent
de hauteur, parceque les parties les
plus lourdes ne pouvant s'élever que
jufqu'à une certaine hauteur, retom-
bent dans la cucurbite lorfqu'elles
y font parvenues, & abandonnent
en chemin les plus légères, aufquelles
leur volatilité permet de s'élever jufque dans le chapiteau.

Matras.   Lorfqu'on veut diftiller quelque
matière qui exige que l'alembic foit
fort élevé, & qui pourtant ne fe peut
diftiller dans des vaiffeaux de métal,
on a recours à des vaiffeaux de verre

de figure ronde ou ovale , qui ont un col fort long , à l'extrémité duquel on ajuſte un petit chapiteau. Ces vaiſſeaux ſervent à pluſieurs uſages ; on les emploie comme récipiens , & l'on s'en ſert auſſi à tenir des matières en digeſtion , ils portent pour lors le nom de Matras. Lorſqu'on les fait ſervir à la diſtillation , & qu'ils ſont garnis d'un chapiteau , ils forment des eſpéces d'alembics.

Il y a des alembics de verre , qui ſont fabriqués de telle ſorte dans la verrerie , que la cucurbite & le chapiteau ne forment qu'une ſeule piéce continue. Ces alembics n'exigeant pas qu'on lute enſemble leurs différentes piéces , ſont utiles dans les occaſions où il s'éléve des vapeurs très-ſubtiles & capables de pénétrer les luts. Leur chapiteau doit être ouvert dans ſa partie ſupérieure, & garni d'un gouleau court , par lequel au moyen d'un entonnoir à long tuyau , on introduit dans la cucurbite la matière qu'on veut diſtiller. Ce gouleau ſe ferme exactement avec un bouchon de verre , dont la ſuperficie s'appli-

LES VAIS-SEAUX.

ALEMBICS DE VERRE TUBULÉS.

A a ij

LES VAIS-
SEAUX.

que par tous ses points sur l'intérieur
de ce même gouleau, ces deux piéces
devant être usées l'une sur l'autre avec
l'émeri.

PÉLICANS. On a encore imaginé une autre
sorte d'alembic, dont on peut se servir avec avantage lorsqu'on veut re-
verser sur la matière de la cucurbite
la liqueur qu'on en a retirée par la distillation , ce qui se nomme cohobation ; & sur-tout lorsqu'on a inten-
tion que cette cohobation soit réité-
rée un grand nombre de fois. L'instrument dont il s'agit à présent est
construit comme celui que nous venons de décrire, excepté que le bec
de son chapiteau , au-lieu d'être dirigé comme celui des autres alembics,
forme un arc de cercle, & s'insere
dans la cavité de la curcurbite , pour
y reconduire la liqueur qui s'est ras-
semblée dans le chapiteau. Ordinairement ces instrumens ont deux becs
opposés l'un à l'autre ainsi dirigés : on
leur a donné le nom de Pélicans. Ils
évitent à l'Artiste la peine de déluter
& de reluter souvent les vaisseaux ,
& la perte de beaucoup de vapeurs.

Il y a certaines substances qui four- LES VAIS-
nissent dans la distillation des matiè- SEAUX.
res en forme concrette, ou qui se
subliment elles-mêmes en entier sous CHAPI-
la forme de poudres très-légères qu'on TEAU A-
nomme fleurs. Lorsqu'on distille ces VEUGLE.
sortes de matières, on adapte à la cucurbite qui les contient, un chapiteau
qui n'a point de bec, & qui se nomme
chapiteau aveugle.

Lorsque les fleurs s'élévent en gran- ALUDELS.
de quantité & fort haut, on se sert
pour les rassembler de plusieurs chapiteaux, ou plutôt espéces de pots qui
n'ont que de la circonférence & point
de fond, qui s'ajustent les uns sur les
autres & forment une espéce de canal
qu'on allonge ou qu'on raccourcit
plus ou moins suivant la volatilité
des fleurs qu'on veut retenir. Le dernier de ces chapiteaux, ou celui qui
termine le canal, est fermé entièrement, & est un véritable chapiteau
aveugle. Ces vaisseaux se nomment
Aludels; ils sont ordinairement de terre ou de fayance.

Tous les vaisseaux dont nous avons
parlé jusqu'à présent ne sont propres

LES VAIS-
SEAUX. que pour la distillation des matières légères & volatiles qui peuvent monter & s'élever aisément, comme sont le phlegme, les huiles essentielles, les eaux odorantes, les esprits acides huileux, les alkalis volatils, &c. Mais quand il s'agit de retirer par la distillation des principes beaucoup moins volatils, qui ne peuvent s'élever qu'à une très-petite hauteur, tels que les huiles épaisses & fœtides, les acides vitriolique, nitreux, marin, &c. on est obligé d'avoir recours à d'autres vaisseaux, & à une autre manière de distiller.

CORNUES. Il est facile d'imaginer que ces vaisseaux doivent avoir beaucoup moins d'élévation que les alembics. Ils ne font autre chose qu'une sphère creuse, dégénérant en un col ou tuyau recourbé orifontalement; cet instrument se nomme à cause de cela Retorte, ou Cornue; il est toujours d'une seule piéce.

L'on introduit dans le corps de la cornue, par le moyen d'un entonnoir à long tuyau, la matière qu'on veut distiller. Ensuite on la place, dans

un fourneau conftruit exprès pour cet LES VAIS-
ufage , de manière que le col de la SEAUX.
cornue , fortant du fourneau , ait
comme le bec du chapiteau de l'a-
lembic , une fituation un peu oblique
de haut en bas , pour faciliter la for-
tie des liqueurs qui font conduites
par fon moyen dans un récipient dans
lequel il eft introduit , & avec lequel
il eft luté. Cette manière de diftiller ,
dans laquelle les vapeurs paroiffent
plutôt être pouffées hors du vaiffeau
orifontalement & latéralement, qu'en-
levées , fe nomme à caufe de cela diftillation *per latus.*

Les cornues font de tous les vaiffeaux diftillatoires , ceux qui doivent
éprouver la plus grande chaleur , &
réfifter aux plus violens diffolvans ;
ainfi la matière dont elles font compofées ne doit point être du métal ;
on fait cependant quelques cornues
de fer qui peuvent fervir dans certaines occafions. Les autres font ordinairement de verre ou de terre. Celles de verre , dans toutes les diftillations où elles ne doivent point être
expofées à un feu affés violent pour

les faire entrer en fusion, sont préférables aux autres, par les raisons que
nous avons dites. Le meilleur verre,
celui qui résiste le mieux au feu & aux
dissolvans, est celui dans lequel il
entre peu de sels alkalis, tel est le verre verd d'Allemagne ; le beau verre
blanc & crystalin est beaucoup moins
de résistance.

CORNUES
ANGLOI-
SES.

Les cornues, de-même que les alembics, peuvent avoir différentes formes ;
lorsqu'on veut par exemple exposer à
la distillation dans ces sortes de vaisseaux, des matières qui se gonflent
facilement, & qui par cette raison
passent toutes entières par le col de
la cornue sans avoir souffert de décomposition, il convient de se servir
de retortes dont le corps, au-lieu d'ê-
tre sphérique, est allongé en forme
de poire, & approche de la figure
d'une cucurbite. La distance qu'il y
a du fond de ces cornues jusqu'à leur
col étant beaucoup plus grande qu'elle
ne l'est dans celles dont le corps est
sphérique, les matières qui y sont
contenues ont beaucoup plus d'espace
pour se raréfier, & l'on prévient par
ce

ce moyen l'inconvénient dont nous LES VAIS-
venons de parler. Les cornues qui ont SEAUX.
cette forme se nomment cornues Angloises. Ces mêmes cornues tenant le
milieu entre les alembics & les cornues ordinaires, peuvent servir à distiller les matières qui tiennent aussi le
milieu entre les plus & les moins volatiles.

Il est bon outre cela d'avoir dans un
laboratoire des cornues dont les cols
ayent plus ou moins de diamétre. Les
larges cols se trouvent utiles quand
ils doivent laisser passer des matières
épaisses ou qui se figent aisément,
comme certaines huiles fœtides très-
épaisses, le beurre d'antimoine, &c.
car ces matières venant à se figer aussitôt qu'elles n'éprouvent plus un certain dégré de chaleur, boucheroient
facilement un col étroit ; & fermant
le passage aux vapeurs qui sortent en
même-tems de la cornue, pourroient
occasionner la rupture des vaisseaux.

On fait aussi des cornues qui ont CORNUES
à leur partie supérieure qu'on nomme TUBULÉES.
la voute, une ouverture pratiquée
comme celle des alembics de verre tu-

 bulés, & qui doit se fermer avec un
bouchon de verre, de la même manière que celle de ces alembics : ces
cornues se nomment aussi cornues tubulées. Elles doivent être employées,
lorsque pendant la distillation, il est
nécessaire d'introduire quelque nouvelle matière dans la cornue ; on peut
le faire par ce moyen, sans être obligé
de luter & de reluter les vaisseaux,
ce qu'il faut toujours éviter autant
qu'il est possible.

Ballons. Une des choses qui embarrassent le
plus les Chymistes, est la prodigieuse
élasticité d'une infinité de vapeurs différentes qui sortent souvent avec im-
pétuosité pendant les distillations, &
qui sont même souvent capables de
faire crever les vaisseaux avec explosion, & danger de l'Artiste. Il faut nécessairement dans ces occasions donner de l'air, comme nous le dirons
dans son lieu, & laisser une issue libre
à ces vapeurs. Mais comme cela ne se
fait jamais sans en perdre une grande
quantité ; que même il y en a de si
élastiques, par exemple, celles de l'esprit de nitre, & sur-tout de l'esprit

de sel fumant, qu'il n'en resteroit Les-vais-
presque point dans les vaisseaux ; on a seaux.
imaginé de se servir de récipiens très-
grands, comme de dix-huit ou vingt
pouces de diamétre, pour donner à ces
vapeurs un espace assés grand , dans
lequel elles puissent circuler ; & leur
présenter en même-tems , dans les
parrois intérieurs de ces grands récipiens une surface très-étendue, à laquelle elles puissent s'attacher & se
condenser en gouttes. Ces grands récipiens ont ordinairement la figure
d'une sphère creuse , on leur donne le
nom de Ballons.

Pour augmenter même encore l'es- Ballons
pace ; on fabrique de ces Ballons , qui a deux
ont deux ouvertures diamétralement becs.
opposées , & garnies chacune d'un tuyau ou gouleau, dans l'un desquels entre le col de la cornue , & dont l'autre s'introduit dans celui d'un second
Ballon , de même forme , lequel se
joint de la même manière avec un
troisiéme , &c. Par cet artifice on augmente l'espace tant qu'on le juge à
propos ; ces récipiens se nomment
Ballons à deux becs ou Ballons enfilés.

LES VAIS-
SEAUX.

CREUSETS.

On n'a befoin pour opérer fur les
corps abfolument fixes, tels que les
métaux, les pierres, les fables, &c.
que de vaiffeaux qui puiffent feulement les contenir & réfifter à la violence du feu. Ces vaiffeaux font de petits pots creux, plus ou moins grands
& profonds qu'on nomme Creufets.
Les creufets ne peuvent guères être
que de terre; ils doivent avoir un couvercle de la même matière qui puiffe
les boucher exactement. La meilleure
terre que nous connoiffions ici, eft celle
avec laquelle on fait les pots dans lefquels on envoie le beurre de Bretagne;
ces pots eux-mêmes font de fort bons
creufets; ils font prefque les feuls,
qui puiffent contenir le verre de
plomb en fufion, & n'en être pas pé-
nétrés.

TESTS A
ROTIR.

On fe fert pour la torréfaction des
mines, c'eft-à-dire, pour leur enlever
à l'aide du feu ce qu'elles contiennent
de parties fulphureufes & arfénicales,
de petits vafes de même matière que
les creufets, mais qui font plats &
évafés, pour laiffer exhaler plus librement les matières volatiles. On

nomme ces vaiſſeaux Tets à rotir ; ils
ne ſont guères d'uſage, que dans la
Docimaſie, c'eſt - à - dire, lorſqu'on
fait ſeulement les eſſais des mines en
petit.

*Les vais-
seaux.*

CHAPITRE XIX.

*Théorie de la conſtruction des Fourneaux
les plus uſités en Chymie.*

IL eſt très-important pour le ſuccès
des opérations chymiques, de ſavoir conduire & adminiſtrer le feu
d'une manière convenable, & d'en
connoître les différens dégrés.

*Les
Four-
neaux.*

Comme il eſt très-difficile de ſe
rendre maître de l'action du feu & de
le modérer, quand on expoſe immédiatement ſur le feu les vaiſſeaux dans
leſquels on fait les opérations, les
Chymiſtes ont imaginé de tranſmettre
la chaleur aux vaiſſeaux dans les opérations délicates, en la faiſant paſſer
par différens milieux qu'ils interpo-
ſent entre le feu & ces mêmes vaiſſeaux.

*L'admi-
nistrati-
on du feu.*

Ces ſubſtances intermédiaires dans leſquelles on plonge les vaiſſeaux, ſe nomment Bains. Elles ſont ou fluides, ou ſolides; les fluides ſont l'eau & ſes vapeurs. Quand on plonge le vaiſſeau diſtillatoire dans l'eau, ce bain ſe nomme le Bain-marie; le plus grand dégré de chaleur dont il ſoit ſuſceptible eſt celui de l'eau bouillante. Lorſqu'on expoſe le vaiſſeau ſeulement à la vapeur qui s'exhale de l'eau, cela forme le Bain de vapeurs; la chaleur de ce bain eſt à peu près la même que celle du Bain-marie. Ces bains ſont d'uſage pour la diſtillation des huiles eſſentielles, des eſprits ardens, des eaux odorantes, en un mot de toutes les ſubſtances qui ne peuvent éprouver un dégré de chaleur plus conſidérable, ſans s'altérer, ou dans leur odeur, ou dans quelques - unes de leurs autres qualités.

On peut faire auſſi des bains avec tous autres fluides, tels que les huiles, le mercure, &c. qui peuvent recevoir & tranſmettre beaucoup plus de chaleur; mais il eſt rare qu'on les emploie. Quand on veut avoir un dégré

de chaleur plus confidérable, on fait
un bain avec quelque matière folide,
réduire en poudre fine, telle que le
fablon, les cendres, la limaille de
fer, &c. On peut pouffer la chaleur de
ces bains, jufqu'à faire rougir obfcu-
rément le fond du vaiffeau. En plon-
geant un thermométre dans le bain
à côté du vaiffeau, il eft facile d'obferver précifément quel dégré de chaleur on applique aux fubftances fur
lefquelles on opére. Il eft néceffaire
que les thermométres dont on fe fert
foient conftruits fur de bons principes, & puiffent fe comparer facilement avec ceux des Phyficiens les
plus célébres : ceux de l'illuftre M.
de Reaumur font les plus ufités & les
plus connus ; ainfi il eft bon de s'en
fervir par préférence. Lorfque l'on
veut pouffer la chaleur plus fort que
les différens bains ne le permettent, il
faut expofer les vaiffeaux immédiatement au-deffus des charbons ardens,
ou de la flamme : cela s'appelle opérer
à feu nud, il eft beaucoup plus difficile pour lors de déterminer les dé-
rés de chaleur.

LES
FOUR-
NEAUX.

L'ADMI-
NISTRATI-
ON DU FEU.

Bb iv

Il y a plufieurs manières d'adminiftrer le feu nud. Lorfqu'on fait réfléchir la chaleur ou la flamme fur la
partie fupérieure même du vaiffeau
qu'on échauffe, cela s'appelle feu de
réverbère. Le feu de fufion, eft celui
qui eft affés fort pour faire entrer en
fufion la plupart des matières. On
appelle feu de forge, celui dont on
excite encore l'activité par le vent
d'un ou de plufieurs foufflets qui
jouent continuellement.

Il y a encore une autre efpéce de
feu, qui eft très-commode pour beaucoup d'opérations, parcequ'on n'eft
pas obligé de l'entretenir & de le renouveller fréquemment; c'eft celui
que fournit une lampe à un ou plufieurs lumignons: il fe nomme le feu
de lampe. On ne l'emploie ordinairement que pour échauffer des bains,
lorfqu'il s'agit d'opérations qui demandent une chaleur douce & long-
tems continuée. S'il a quelque inconvénient, c'eft d'augmenter de chaleur.

Toutes ces différentes manières
d'adminiftrer le feu, demandent des
fourneaux de différentes conftruc-

tions. Nous allons donner la defcription des principaux , & des plus
néceffaires.

On doit diftinguer dans les fourneaux différentes parties ou étages
qui ont leur ufage & leurs noms particuliers.

La partie inférieure du fourneau ,
deftinée à recevoir les cendres & à
donner paffage à l'air , fe nomme cendrier. Le cendrier eft terminé à fa partie fupérieure par une grille dont l'u-
fage eft de foutenir le charbon , ou le
bois qu'on y allume ; cette partie porte
le nom de foyer. Le foyer lui-même
eft terminé à fa partie fupérieure par
plufieurs barres de fer pofées paralellement les unes aux autres , & qui le
traverfent dans toute fon étendue ; ces
barres fervent à foutenir les vaiffeaux
dans lefquels on fait les opérations.
L'efpace qui s'étend depuis ces barres
jufqu'au haut du fourneau eft la partie
fupérieure. Enfin quelques fourneaux
font entièrement fermés par en haut ,
au moyen d'une efpéce de voute qu'on
nomme dôme.

Les fourneaux ont outre cela plu-

sieurs ouvertures , savoir une au cendrier, qui donne passage à l'air, & par
laquelle on retire les cendres qui y
sont tombées ; elle se nomme porte du
cendrier ; une au foyer, par laquelle
on fournit de l'aliment au feu à mesure qu'il en a besoin ; elle se nomme
bouche ou porte du foyer : une à la
partie supérieure, qui doit laisser passer
le col des vaisseaux ; une au dôme du
fourneau, par laquelle s'échappent les
fuliginosités des matières combusti-
bles ; elle se nomme cheminée : enfin
plusieurs autres ouvertures dans les
différentes parties du fourneau, dont
l'usage est de laisser passer l'air dans
ces différens endroits, & qui pouvant être aisément fermées, servent
aussi à augmenter ou rallentir l'activité du feu ; à le régir , ce qui
leur a fait donner le nom de regîtres.
Toutes les autres ouvertures du fourneau doivent aussi pouvoir se fermer
exactement , pour faciliter l'administration du feu , & font aussi par ce
moyen fonction de regîtres.

Pour se former une idée juste & générale de la construction des four-

neaux, & de la difpofition de leurs différentes ouvertures deftinées à augmenter ou à diminuer l'activité du
feu, il eft bon d'établir quelques principes de Phyfique, dont la vérité eft
démontrée par l'expérience.

Premièrement, tout le monde fait
que les matières combuftibles ne peuvent bruler & fe confumer, que lorfqu'elles ont une libre communication
avec l'air; enforte que lors même
qu'elles brulent avec la plus grande
activité, fi on vient à leur ôter la communication avec l'air, elles s'éteignent
fubitement; que par conféquent l'air
fouvent renouvellé facilite infiniment
la combuftion, & qu'un torrent d'air
déterminé à paffer impétueufement à
travers des matières embrafées, donne
au feu qui en réfulte la plus grande activité qu'il puiffe avoir.

Secondement, il eft certain que l'air
qui touche ou qui eft proche des matières embrafées s'échauffe, fe raréfie,
devient plus léger que l'air qui l'environne & qui eft plus éloigné du centre
de la chaleur; que par conféquent cet
air échauffé & plus léger eft néceffai-

rement déterminé à monter & à s'élever, pour faire place à celui qui eſt
moins échauffé & moins léger, qui
tend par ſa péſanteur à occuper la place que l'autre lui laiſſe; que par conſéquent auſſi, ſi on allume du feu dans
un eſpace enfermé de toutes parts excepté dans la partie ſupérieure & inférieure, il doit ſe former dans ce lieu
un courant d'air dont la détermina-
tion ſera de bas en haut, en ſorte que
ſi on préſente à l'ouverture inférieure
des corps légers, ils ſeront entraînés
vers le feu, & qu'aucontraire ſi on les
préſente à l'ouverture ſupérieure, ils
ſeront pouſſés par une force qui les
élevera & les éloignera de ce même
feu.

Troiſiémement, enfin, c'eſt une vérité
démontrée dans l'hydraulique, que la
vîteſſe d'une quantité donnée d'un
fluide déterminé à couler dans une direction quelconque eſt d'autant plus
grande, que ce fluide eſt reſſerré dans
un eſpace plus étroit, & que par conſéquent on augmente la vîteſſe de ce
fluide, en le faiſant paſſer d'un canal
plus large dans un plus étroit.

Ces principes une fois posés, il est facile de les appliquer à la construction des fourneaux. 1°. Le feu placé dans le foyer d'un fourneau qui est ouvert de tous les côtés, brule à peu près comme celui qui est à l'air libre. Il a avec l'air qui l'environne une communication qui permet à cet air de se renouveller, & de l'entretenir suffisamment pour faciliter l'entière combustion des matières inflammables qui lui servent d'aliment. Mais cet air n'étant point déterminé à passer avec rapidité à travers le feu ainsi disposé, il n'en augmente point l'activité, & le laisse bruler paisiblement.

Secondement, si on ferme exactement le cendrier ou le dôme d'un fourneau dans lequel on a allumé du feu, alors la communication de ce feu avec l'air n'est plus libre : si c'est le cendrier qui est fermé, on empêche l'air d'avoir un libre accès vers le feu ; si c'est le dôme, on empêche l'issue de l'air que le feu a raréfié, & par conséquent le feu ainsi disposé doit bruler foiblement & lentement, languir, & même s'éteindre peu à peu.

Troisiémement, si on bouche totalement toutes les ouvertures du fourneau, il est évident que le feu s'y éteindra très-promptement.

Quatriémement, si on ne ferme que les ouvertures latérales du foyer, & que le cendrier & la partie supérieure du fourneau soient ouverts; alors il est clair que l'air entrant par le cendrier, sera nécessairement déterminé à sortir par la partie supérieure; que par conséquent il doit se former un courant d'air qui traversera le feu, & le fera bruler avec vigueur & activité.

Cinquiémement, si le cendrier & la partie supérieure du fourneau ont une certaine longueur & représentent des canaux soit cylindriques, soit prysmatiques, l'air étant forcé à suivre sa direction pendant un plus long espace, son courant en est plus marqué & mieux déterminé, & par conséquent le feu doit être animé davantage.

Sixiémement, enfin, si le cendrier & la partie supérieure du fourneau, au-lieu d'être des canaux prysmatiques ou cylindriques, sont ou pyramidaux

ou coniques, & qu'ils soient disposés
de façon que l'ouverture supérieure
du cendrier, celle qui répond au
foyer, & qui doit être une pointe
tronquée, soit plus grande que l'ouverture de la base du cône ou de la pyramide supérieure ; alors le cours de
l'air qui est forcé de passer continuellement d'un espace plus grand, dans
un plus petit, doit s'accélérer considérablement, & par conséquent donner
au feu la plus grande activité qu'on
puisse lui procurer par la disposition
du fourneau.

Les matières les plus propres à construire les fourneaux sont, 1°. les bri-
ques qu'on joint ensemble avec de la
terre glaise mêlée avec du sable &
détrempée avec de l'eau : 2°. La terre glaise mêlée avec des taissons pul-
vérisés, détrempée aussi avec de l'eau,
& recuite à un feu violent : 3°. Le
fer dont on peut construire tous les
fourneaux ; mais avec la précaution
de les garnir en dedans de beaucoup
de pointes propres à retenir un enduit
de terre, dont il faut absolument que
l'intérieur de ces fourneaux soit re-

vêtu, pour les garantir de l'action du feu.

Un des fourneaux des plus ufités en Chymie, eft celui qu'on nomme fourneau de réverbère ; c'eft celui qui fert aux diftillations qui fe font dans la cornue. Voici comment ce fourneau doit être conftruit.

Premièrement, l'ufage du cendrier étant, comme nous avons dit, de donner paffage à l'air & de recevoir les cendres, on ne rifque rien de lui donner de la hauteur ; on peut lui donner depuis douze jufqu'à vingt ou vingt-quatre pouces d'élévation. Son ouverture doit être affés grande pour donner paffage à des morceaux de bois qu'on y introduit lorfqu'on veut avoir un grand feu.

Secondement, ce cendrier doit être terminé à fa partie fupérieure par une grille de fer dont les barres foient épaiffes & puiffent réfifter à l'action du feu ; cette grille eft la bafe du foyer, & deftinée à foutenir le charbon. Il doit y avoir dans la partie latérale du foyer, à peu près au niveau de la grille, une ouverture d'une grandeur convenable

convenable pour qu'on puisse y introduire commodément du charbon, &
de petites pelles & pincettes pour arranger le feu : cette ouverture ou bouche du foyer doit être au-dessus de
celle du cendrier.

Troisiémement, depuis six jusqu'à
huit ou dix pouces au-dessus de la
grille du cendrier, il doit y avoir de
pouce en pouce des ouvertures de huit
ou dix lignes de diamétre, pratiquées
de telle sorte dans les parrois du fourneau, qu'elles soient diamétralement
opposées les unes aux autres. L'usage
de ces ouvertures est de recevoir des
barres de fer destinées à soutenir la
cornue. J'ai dit qu'il est bon que ces
ouvertures soient placées à différentes
hauteurs, c'est afin qu'elles puissent
être à la portée de cornues aussi de
différente hauteur. Au bord supérieur
de cette partie du fourneau qui s'étend
depuis les barres de fer jusqu'en haut,
& dont la hauteur doit être un peu
moindre que la longueur du diamétre
du fourneau, il doit y avoir une
échancrure demi-circulaire, destinée à
donner passage au col de la retorte.

il faut obferver que cette échancrure
ne doit point être au-deſſus de la porte
du foyer & du cendrier, parceque re-
cevant le col de la cornue, & étant
par conféquent vis-à-vis le récipient,
ce même récipient fe trouveroit auſſi
vis-à-vis ces deux ouvertures, d'où
il réſulteroit le double inconvénient,
qu'il s'échaufferoit beaucoup, & gê-
neroit infiniment l'Artiſte, auquel il
interdiroit le libre accès de ces portes.
Il convient donc que cette échancrure
foit placée de façon que les plus gros
ballons étant lutés à la cornue, laiſ-
fent entièrement libres les ouvertures
du foyer & du cendrier.

Quatriémement, pour fermer la
partie fupérieure du fourneau de réverbère, on doit avoir un couvercle
de la figure d'un dôme ou d'une demi-
fphère creufe de même diamètre que
le fourneau. Ce dôme doit avoir dans
fon bord inférieur une échancrure demi-circulaire qui foit le complément
de l'échancrure du fourneau, & qui
s'ajuſtant avec elle, forme par conſéquent une ouverture circulaire, par
où doit paſſer le col de la cornue. La

partie supérieure du dôme doit avoir
aussi une ouverture circulaire de trois
à quatre pouces de diamétre , garnie
d'un bout de tuyau un peu conique ,
de même diamétre & de trois pouces
de hauteur, qui sert de cheminée
pour donner issue aux fuliginosités &
accélérer le cours de l'air. On peut
fermer cette ouverture , quand il est
nécessaire, avec un couvercle plat. Le
dôme outre cela devant pouvoir être
enlevé & replacé facilement sur le
fourneau, a besoin d'être garni dans
ses côtés de deux mains ou anses ; si
le fourneau est portatif, il faut qu'il
soit aussi garni de deux anses placées
entre le cendrier & le foyer , & opposées l'une à l'autre.

Sixiémement, enfin , il faut avoir
un canal conique d'environ trois pieds
de longueur, dont l'ouverture inférieure soit assés grande pour recevoir
le tuyau de l'ouverture supérieure du
dôme. On ajuste ce tuyau conique sur
le dôme , lorsqu'on veut que le feu ait
une grande activité ; il dégénère par
en haut en une pointe tronquée qui
doit fermer une ouverture d'envi-

ron deux pouces de diamétre.

Outre les ouvertures dont nous venons de faire mention pour le fourneau de réverbère, il doit encore en avoir plusieurs autres plus petites, pratiquées au cendrier, au foyer, à la partie supérieure & au dôme, qui toutes doivent pouvoir se fermer & s'ouvrir facilement par le moyen de bouchons de terre : ces ouvertures sont les regîtres du fourneau, & servent à régler l'activité du feu, conformément aux principes que nous avons établis.

Lorsqu'on veut que l'action du feu soit bien réglée & soit vive, il faut boucher exactement avec de la terre détrempée dans l'eau, les jours qui se trouvent dans la jonction du dôme avec le fourneau, ceux que laisse le col de la cornue dans l'ouverture circulaire qui lui donne passage & qu'elle ne bouche jamais exactement, enfin les ouvertures qui reçoivent les barres de fer qui soutiennent la cornue.

Il est bon d'avoir dans un laboratoire plusieurs fourneaux de réverbère de différentes grandeurs, parcequ'il

faut que ces fourneaux soient propor-
tionnés aux cornues dont on se sert.
La cornue doit emplir le fourneau de
telle sorte qu'il n'y ait qu'un pouce de
distance entre elle & les parrois intérieurs de ce même fourneau.

Lorsqu'on veut cependant exposer
la cornue au feu le plus violent, &
sur-tout que la chaleur agisse avec
une égale force sur toutes ses parties,
autant sur sa voute que sur son fond,
il faut laisser un plus grand intervalle
entre elle & le fourneau, parceque
pour lors on peut emplir ce même
fourneau de charbon jusqu'au haut du
dôme. Si avec cela on met quelques
morceaux de bois dans le cendrier,
qu'on ajuste sur la cheminée du dôme
le canal conique, & qu'on ferme
exactement toutes les ouvertures du
fourneau, excepté celles du cendrier,
on excite la plus grande chaleur que
ce fourneau puisse produire.

Le fourneau dont nous venons de
donner la description, peut aussi servir à une infinité d'autres opérations
chymiques. En supprimant le dôme,
on peut fort bien y placer un alembic;

mais il faut pour lors boucher exactement avec de la terre à four détrempée, tout l'intervalle qui se trouve
entre le corps de l'alembic & le bord
de la partie supérieure du fourneau :
sans cette précaution la chaleur parviendroit aisément jusqu'au chapiteau, qu'il est important pour faciliter
la condensation des vapeurs de tenir
le plus fraîchement qu'il est possible.
Il convient donc dans cette occasion
de ne laisser d'autres ouvertures au
foyer, que celles qui sont latérales, encore faut-il boucher celles qui répondent au récipient.

On peut ajuster sur ce même fourneau une capsule, ou écuelle de terre
à larges rebords, qui ferme exactement toute la partie supérieure, &
dans laquelle on met du sable pour
distiller au bain de sable.

On peut, en supprimant les barres
destinées à soutenir les vaisseaux dis-
tillatoires, y mettre un creuset, & y
faire beaucoup d'opérations qui n'exigent pas un feu de la dernière violence. En un mot, ce fourneau est un des
plus commodes qu'on puisse avoir,

& celui dont l'ufage eſt le plus é-
rendu.

Le fourneau de fuſion eſt deſtiné à
faire éprouver aux ſubſtances les plus
fixes, telles que les métaux & les terres, la plus violente chaleur. On ne
s'en ſert point pour la diſtillation : il
n'eſt d'uſage que dans les calcinations
& fuſions; il ne doit recevoir par conféquent d'autres vaiſſeaux que des
creuſets.

Le cendrier de ce fourneau ne différe de celui du fourneau de réverbère,
qu'en ce qu'il eſt plus élevé pour mettre le foyer à la portée des mains de
l'Artiſte, parceque c'eſt dans cet endroit que ſe font toutes les opérations
de ce fourneau. La hauteur de ce cendrier doit par conféquent être d'environ trois pieds; cette hauteur lui procure encore l'avantage de bien pom-
per l'air. On peut pour la même raiſon, & en conféquence des principes
que nous avons établis, le conſtruire
de façon que ſa largeur diminuant in-
fenſiblement de bas en haut, l'ouverture qui répond au foyer ſoit plus
petite que celle du bas.

Le cendrier eft terminé à fa partie
fupérieure, comme celui du fourneau
de réverbère, par une grille qui fert de
bafe au foyer, & qui doit être très-
forte pour réfifter à la violence du feu.
On donne ordinairement aux parrois
intérieurs de ce fourneau une courbure ellyptique, parceque les géométres
démontrent que les furfaces qui ont
cette courbure font très - propres à
réfléchir les rayons du foleil ou du
feu; de manière que fe rencontrant
dans un point ou dans une ligne, ils y
produifent une violente chaleur. Mais
il faut pour cela que ces furfaces
foient très-polies; avantage qu'il eft
très-difficile de procurer à la furface
interne de ce fourneau, qui ne peut
être que de terre : d'ailleurs quand on
parviendroit à la polir, la violente
action du feu que ce fourneau doit
contenir détruiroit ce poli en très-peu
de tems. La figure ellyptique n'eft
pourtant point entièrement inutile,
parcequ'en obfervant de tenir la furface interne du fourneau la plus unie
qu'il eft poffible, elle ne laiffe point
de réfléchir encore affés bien la chaleur

leur, & de la réunir vers le centre.

Le foyer de ce fourneau ne doit avoir que quatre ouvertures. Premièrement, celle de la grille d'en bas qui communique avec le cendrier. Secondement une porte à la partie latérale & antérieure, par laquelle on introduit le charbon, les creusets, & les pinces qui servent à les manier : cette ouverture doit pouvoir se fermer exactement avec une plaque de fer enduite intérieurement de terre, & suspendue à deux gonds scélés dans le fourneau. Troisièmement au-dessus de cette porte un trou oblique de haut en bas, dirigé vers l'endroit où doit être le creuset : l'usage de ce trou est de donner à l'Artiste la liberté d'examiner, sans être obligé d'ouvrir la porte du foyer, en quel état sont les matières contenues dans le creuset : ce trou doit pouvoir s'ouvrir & se fermer facilement par le moyen d'un bouchon de terre. Quatriémement une ouverture circulaire d'environ trois pouces à la partie supérieure ou voute du fourneau, laquelle dégénere, comme celle du dôme du fourneau de réverbère, en un bout

D d

de tuyau conique d'environ trois pouces de hauteur, deftiné à s'introduire dans le canal conique, dont nous avons donné la defcription, & qui s'ajufte fur le fourneau quand on veut augmenter l'activité du feu.

Lorfqu'on veut fe fervir de ce fourneau, & y placer un creufet, il faut avoir attention de pofer fur la grille un culot de terre un peu plus large que la bafe du creufet. Ce culot fert à foutenir le creufet, & à l'élever au-deffus de la grille ; il doit avoir deux pouces de hauteur. Sans cette précaution, le fond du creufet qui feroit pofé immédiatement fur la grille, ne pourroit s'échauffer fuffifamment, parcequ'il feroit toujours expofé au torrent d'air froid qui entre par le cendrier. Il faut obferver auffi de faire rougir ce culot avant de le mettre dans le fourneau, pour lui enlever toute l'humidité qu'il pourroit contenir, & qui venant à frapper le creufet pendant l'opération, pourroit en occafionner la rupture.

Nous avons omis de dire en parlant du cendrier, qu'il fautqu'outre

fa porte, il ait encore vers le milieu
de fa hauteur une petite ouverture,
capable de recevoir le tuyau d'un bon
foufflet à deux vents qu'on y introduit, & qu'on fait jouer après avoir
fermé exactement la porte, quand il
eſt queſtion d'exciter l'activité du feu
jufqu'à la dernière violence.

La forge n'eſt qu'un maſſif de bri-
ques d'environ trois pieds de hauteur,
fur la furface fupérieure duquel eſt
dirigée la tuyère ou porte-vent d'un
gros foufflet à deux vents, difpofé de
façon que l'Artiſte peut le faire jouer
facilement d'une feule main. On place le charbon fur l'aire de la forge
proche la bouche du porte-vent; on
l'affujétit s'il eſt néceſſaire, pour empêcher qu'il ne foit emporté par le
vent du foufflet, en le renfermant
dans un efpace terminé par des bri-
ques; & pour lors en faifant jouer le
foufflet, on entretient le feu continuellement dans la plus grande activité. La forge eſt d'ufage, quand
on a befoin d'appliquer rapidement
un grand dégré de chaleur à quelque
fubſtance, ou qu'il eſt néceſſaire que

LES
FOUR-
NEAUX.

FOUR-
NEAU DE
FUSION.

LA FORGE.

l'Artiste ait la liberté de toucher fouvent aux matières qu'il expofe à la
fonte, ou à la calcination.

Le fourneau de coupelle eft celui
dans lequel on purifie l'or & l'argent,
par le moyen du plomb, de l'alliage
de toute fubftance métallique. Ce
fourneau doit procurer une chaleur
affés grande, pour vitrifier le plomb,
& avec lui, tout ce que les métaux
parfaits peuvent contenir d'alliage.
Voici comment ce fourneau doit être
conftruit.

Premièrement, il faut former avec
des plaques de fer épaiffes, ou le mélange de terre que nous avons indi-
qué pour les fourneaux, un pryfme
quarré & creux, dont les côtés ayent
environ un pied de largeur, fur dix
à onze pouces de hauteur, & qui fe
prolongeant & devenant convergens
par le haut, forment une pyramide
qui fe trouve tronquée à la hauteur de
fept à huit pouces, & terminée par
une ouverture auffi de fept à huit
pouces dans toutes fes dimenfions.
La partie inférieure du pryfme, eft
terminée & claufe par une plaque de

la même matière dont le fourneau est conſtruit.

Secondement, dans un des côtés de ce pryſme, (c'eſt celui qui doit former la face antérieure) il y a une ouverture de trois à quatre pouces de hauteur, ſur cinq à ſix de largeur : cette ouverture doit être tout proche de la baſe; c'eſt la porte du cendrier. Immédiatement au-deſſus de cette ouverture, on place une grille de fer dont les barreaux ſont des pryſmes quadrangulaires d'un demi-pouce d'écariſſage, poſés paralellement les uns aux autres à la diſtance de huit à neuf lignes, & diſpoſés de façon que deux de leurs angles ſoient oppoſés latéralement les uns aux autres, les deux autres étant dirigés, l'un vers la partie ſupérieure, l'autre vers l'inférieure. Par le moyen de cette diſpoſition, les barreaux de la grille ne préſentant au foyer que des ſurfaces très-inclinées, on empêche que les cendres & les charbons trop petits ne s'y arrêtent & ne bouchent le paſſage à l'air qui entre par le cendrier. Cette grille termine le cendrier à ſa partie supérieure, & sert de base au foyer.

Troisiémement, trois pouces ou trois pouces & demi au-dessus de la grille, dans le côté antérieur du fourneau, il y a une autre ouverture terminée en arc dans sa partie supérieure, ayant par conséquent la figure d'un demi-cercle : elle doit avoir quatre pouces de large dans sa partie inférieure, & dans son milieu trois pouces & demi de hauteur. Cette ouverture est la porte du foyer ; elle n'est cependant pas destinée aux mêmes usages que la porte du foyer des autres fourneaux ; nous dirons en expliquant la manière de se servir de ce fourneau, quel est son véritable usage. Un pouce au-dessus de la porte du foyer, dans la partie antérieure du fourneau, sont pratiqués deux trous d'un pouce environ de diamétre, & à trois pouces & demi de distance l'un de l'autre, auxquels répondent deux autres trous de même grandeur pratiqués dans la partie postérieure, & diamétralement opposés à ceux-ci. De plus, il y a un cinquiéme trou de même grandeur, placé environ un

pouce au-deſſus de la porte du foyer.
Nous parlerons de la deſtination de
ces ouvertures, lorſque nous décri-
rons la maniere dont on doit ſe ſervir
de ce fourneau.

Quatriémement, il y a à la partie
antérieure du fourneau trois bandes
de fer, dont l'une eſt placée au bas
de la porte du cendrier, l'autre occupe tout l'eſpace qui ſe trouve entre
la porte du cendrier & celle du foyer,
& eſt percée de deux trous qui répondent à ceux que nous avons dit devoir
être au corps du fourneau dans cet
endroit, & la troiſiéme eſt placée immédiatement au-deſſus de la porte du
foyer. Ces bandes doivent s'étendre
depuis un des angles antérieurs du
fourneau juſqu'à l'autre, & y être
appliquées avec des chevilles de fer,
de manière que leurs bords qui répondent aux portes s'écartant un peu du
corps du fourneau, forment une rainu-
re ou couliſſe dans laquelle doivent
gliſſer des plaques de fer deſtinées à
fermer les deux portes du fourneau,
quand il eſt néceſſaire. Ces plaques
de fer doivent être garnies chacune

d'une main ou anfe, afin qu'on puiffe
les faire mouvoir plus commodément.
Il doit y en avoir deux vis-à-vis chaque porte, qui s'approchant l'une de
l'autre , & fe joignant exactement
dans le milieu de la porte, la ferment
entièrement. Les deux plaques deftinées à fermer la porte du foyer doivent être percées à leur partie fupérieure , l'une par une fente large d'environ deux lignes, & longue d'un demi-pouce , & l'autre par une ouverture demi-circulaire d'un pouce de
hauteur fur deux de large. Ces ouvertures doivent être placées de façon
que ni l'une ni l'autre ne réponde à
la porte du foyer, lorfque les deux
plaques fe joignent dans fon milieu
pour la fermer exactement.

Cinquiémement, il faut avoir pour
terminer le fourneau à fa partie fupérieure, une pyramide de même matière
que le fourneau, qui foit creufe, quadrangulaire, haute de trois pouces
fur une bafe de fept pouces ; laquelle
bafe doit s'ajufter exactement à l'ouverture fupérieure du fourneau ; la
pointe de ce couvercle pyramidal doit

dégénérer en un tube de trois pouces de diamétre, sur deux de hauteur presque cylindrique, approchant cependant un peu de la figure conique. Ce tube sert, comme dans les fourneaux dont nous avons déja donné la description, à soutenir le canal conique qu'on ajoute à leur partie supérieure, quand on veut donner au feu plus d'activité.

LES FOURNEAUX.

FOURNEAU DE COUPELLE.

Le fourneau ainsi construit est en état de servir à tous les ouvrages ausquels il est destiné ; il faut cependant pour pouvoir s'en servir, avoir encore une piéce, qui quoiqu'elle soit indépendante du fourneau, est cependant nécessaire dans toutes les opérations qu'on y exécute : cette piéce est celle qui est destinée à contenir les coupelles ou autres vases qu'on expose au feu dans ce fourneau ; elle se nomme Mouffle. Voici comment elle est construite.

LA MOUFFLE.

Sur un quarré long de quatre pouces de large, & de six ou sept de long, on éléve en forme de voute un demi-cylindre creux. Il en résulte un canal demi-circulaire, ouvert par ses deux

extrémités. On en ferme une presque
entièrement, observant seulement d'y
laisser près de la base deux petites ouvertures demi-circulaires. On pratique aussi de chaque côté deux ouvertures semblables, & on laisse l'autre
extrémité entièrement ouverte. Cela
forme ce qu'on appelle une Mouffle.
La mouffle est destinée à éprouver & à
transmettre la plus vive chaleur, c'est-
pourquoi elle doit être mince & composée d'une terre qui résiste à la violence du feu, telle qu'est celle des
creusets. La mouffle ainsi construite,
ayant été préalablement bien recuite, est en état de servir aux opérations.

Pour la mettre en œuvre, il faut l'introduire dans le fourneau par l'ouverture supérieure, & la poser sur deux
barres de fer qu'on introduit dans
les ouvertures qui sont au-dessous de
la porte du foyer. La mouffle doit
être placée sur les barres du foyer, de
manière que son extrémité ouverte réponde à cette même porte, & puisse
y être jointe avec du lut. On y place
ensuite les coupelles, puis on em-

plit le fourneau jufqu'à la hauteur de
deux ou trois pouces au-deſſus de la
mouffle, avec de petits charbons d'environ un pouce, afin qu'ils puiſſent bien
s'arranger autour de la mouffle, & lui
procurer une chaleur égale de tous les
côtés. Le principal uſage de la mouffle eſt d'empêcher que les charbons &
la cendre ne tombent dans les coupelles, ce qui feroit très-préjudiciable
aux opérations qu'on y fait; car le
plomb devant ſe vitrifier, ne le pourroit, parceque le contact immédiat
des charbons lui rendroit continuellement ſon phlogiſtique; & le verre
de plomb devant pénétrer & paſſer à
travers les coupelles, en deviendroit
incapable, parceque les cendres ſe
mêlant avec lui, lui donneroient une
conſiſtence & une ténacité qui détrui-
roient ou du moins diminueroient en
lui conſidérablement cette propriété.
Les ouvertures qu'on laiſſe dans la
partie inférieure de la mouffle, ne
doivent donc pas avoir aſſés d'élévation pour permettre au charbon & à la
cendre de s'y introduire; l'uſage de ces
ouvertures eſt de faire parvenir plus

facilement la chaleur & l'air jufqu'aux coupelles. La mouffle eft entièrement ouverte dans fa partie antérieure, pour donner à l'Artifte la liberté d'examiner ce qui fe paffe dans les coupelles, de les remuer, de les changer de place, d'y introduire de nouvelles matières, &c. & pour donner auffi un accès libre à l'air qui doit concourir avec le feu à l'évaporation néceffaire à la vitrification du plomb ; lequel air, s'il n'étoit fuffifamment renouvellé, feroit incapable de produire cet effet, à caufe de la quantité de vapeurs dont il feroit chargé, qui ne lui permettroit pas d'en foutenir de nouvelles.

L'adminiftration du feu dans ce fourneau eft fondée fur les principes généraux que nous avons établis pour tous les fourneaux. Cependant comme il y a quelques petites différences, & qu'il eft très-effentiel pour la réuffite des opérations qu'on y fait, que l'Artifte foit abfolument le maître du dégré de chaleur, nous allons expofer briévement comment il faut faire pour l'augmenter ou la diminuer.

Le fourneau étant rempli de charbon & allumé, fi on ouvre entièrement la porte du cendrier, & qu'on
ferme exactement celle du foyer, on
augmente la vivacité du feu; fi de
plus on met fur la partie fupérieure
fon couvercle pyramidal, & qu'on y
ajoute le canal conique, le feu devient encore plus ardent.

Comme les matières qui font dans
ce fourneau, font entourées de feu
de tous les côtés, excepté à la partie
antérieure qui répond à la porte du
foyer, & qu'il y a des cas qui exigent qu'elles éprouvent auffi l'action
du feu même de ce côté-là; on a
imaginé d'avoir pour ces occafions un
réchaut de fer, auquel on peut donner la figure & la grandeur de cette
porte. On l'emplit de charbons ardens, & on le place immédiatement
devant cette ouverture; pour lors
la chaleur fe trouve encore beaucoup
augmentée. On peut employer ce fecours dans le commencement de l'o-
pération, pour l'accélérer, & faire
parvenir plus promptement la chaleur
au point où elle doit être, ou lorf-

qu'on a befoin d'un feu bien ardent dans un tems où l'air étant chaud & humide, ne peut donner au feu toute l'activité néceffaire.

On diminue la chaleur en fupprimant le réchaut & fermant entièrement la porte du foyer. On la rend encore moindre par dégrés, en ôtant le canal conique de la partie fupérieure ; en ne fermant la porte du foyer qu'avec la plaque percée de la plus petite, ou de la plus grande ouverture ; en ôtant le couvercle pyramidal, en fermant la porte du cendrier en partie, ou totalement ; enfin en ouvrant entièrement la porte du foyer ; mais pour lors l'air froid pénétrant jufque dans l'intérieur de la mouffle, refroidit tellement les coupelles, qu'il eft bien rare que dans aucune opération on ait befoin d'en venir-là. Si dans le cours de l'opération on s'apperçoit que la mouffle fe refroidit dans quelqu'endroit, c'eft une marque que le charbon laiffe un vuide dans cet endroit ; il faut pour lors introduire une verge de fer dans le fourneau, par le trou qui eſt au-deſſus de la porte du foyer, & remuer le charbon en différens ſens, afin qu'il puiſſe mieux s'arranger, & remplir les interſtices qu'il avoit laiſſées.

Il eſt bon de remarquer, qu'outre ce que nous avons dit touchant les moyens d'augmenter l'activité du feu dans le fourneau de coupelle, pluſieurs autres cauſes peuvent encore concourir à procurer aux matières qui ſont ſous la mouffle un plus grand dégré de chaleur ; par exemple, plus la mouffle eſt petite, plus les trous dont elle eſt percée ſont grands & nombreux ; plus on recule les coupelles vers ſon fond ou ſa partie poſtérieure, plus les matières qu'elles contiennent éprouvent de chaleur.

Ce fourneau, indépendamment des opérations qui ſe font dans la coupelle, eſt encore très-utile & même néceſſaire pour pluſieurs expériences Chymiques ; telles ſont par exemple celles qui ſe font ſur différentes vitrifications, & ſur les émaux. Lorſqu'on veut s'en ſervir,

comme il a très-peu d'élévation, il
eft bon de le placer fur un maffif
de maçonnerie, qui le mette à la portée de la main de l'Artifte.

Le feu de lampe eft, comme nous
avons dit, très-utile pour toutes les
opérations qui ne demandent qu'un
dégré de chaleur modérée, mais long-
tems continuée. Le fourneau dont
on fe fert pour opérer au feu de
lampe eft fort fimple : ce n'eft qu'un
cylindre creux de quinze ou dix-huit
pouces de hauteur & de cinq ou fix
de diamétre : il a dans fa partie inférieure une ouverture affés grande
pour qu'on puiffe y introduire une
lampe, & l'en retirer commodément.
Cette lampe doit avoir trois ou quatre mêches, afin qu'en en allumant
plus ou moins, on puiffe avoir plus ou
moins de chaleur. Le corps du fourneau doit outre cela être percé de
plufieurs petits trous deftinés à donner à la flamme de la lampe affés
d'air pour l'empêcher de s'éteindre.

La partie fupérieure foutient un
baffin de cinq ou fix pouces de pro-
fondeur, lequel doit entrer jufte dans
le

le fourneau, & être retenu à son extrémité par un rebord qui couvre entièrement celui du fourneau : ce bassin sert à contenir le sable par l'interméde duquel on fait ordinairement passer la chaleur de ce fourneau.

On doit avoir outre cela une espéce de couvercle ou dôme de même matière que le fourneau, & de même diamétre que le bain de sable, qui n'ait d'autre ouverture qu'un trou pratiqué à son bord inférieur ayant la figure d'un cercle presqu'entier. Ce dôme est une espéce de réverbère qui sert à retenir la chaleur & à la diriger vers le corps de la cornue ; car on ne l'emploie que lorsque c'est un vaisseau de cette espéce dans lequel on fait la distillation. L'ouverture inférieure sert à donner passage au col de la rétorte. Ce dôme doit être pourvu d'une anse ou main, pour pouvoir être enlevé & placé facilement.

Les vaisseaux, sur tout ceux de verre & de terre communément nommée grès, sont très-sujets à se casser lorsqu'ils éprouvent une chaleur

ou un froid subit : de-là vient que
fort souvent en commençant à les
échauffer on les voit se briser, &
que la même chose leur arrive lorsqu'étant bien échauffés, ils viennent
à être refroidis, soit par de nouveaux
charbons qu'on met dans le fourneau, soit par l'air froid qui peut y
entrer. Il n'y a pas d'autre moyen
de prévenir le premier de ces deux
inconvéniens, que d'avoir la patience
de les échauffer très-lentement, &
par dégrés presqu'insensibles. A l'é-
gard du second, on l'évite en en-
duisant le corps des vaisseaux avec
une pâte ou lut, qui étant sec leur
sert de défensif contre les attaques
du froid.

La matière la plus propre à enduire
ainsi les vaisseaux, est un mélange
de terre grasse, de terre à four, de
sable fin, de limaille de fer, ou de
verre pulvérisé, de bourre de vache
hachée, le tout détrempé avec de
l'eau : ce lut sert aussi à défendre les
vaisseaux de verre contre la violence
du feu, & à les empêcher de se fondre facilement.

Il eſt eſſentiel, comme nous avons dit, dans preſque toutes les diſtillations, de joindre exactement le col du vaiſſeau diſtillatoire, avec celui du récipient dans lequel il eſt introduit, pour empêcher que les vapeurs ne s'exhalent en l'air & ne ſe perdent : la jonction de ces vaiſſeaux ſe fait par le moyen d'un lut.

Pour arrêter les vapeurs aqueuſes ou foiblement ſpiritueuſes, il ſuffit d'appliquer autour du col des vaiſſeaux quelques morceaux de papier enduits de colle ordinaire.

Si les vapeurs ſont plus âcres & plus ſpiritueuſes, on peut ſe ſervir de bandes de veſſie qu'on a laiſſé tremper long-tems dans l'eau, & qui contenant une eſpéce de colle naturelle, ferment aſſés bien les jointures des vaiſſeaux.

S'il eſt queſtion de retenir des vapeurs encore plus pénétrantes, on peut avec de la chaux & une colle ſoit végétale ſoit animale, telle que les blancs d'œufs, la colle forte, &c. faire une pâte qui forme un lut qui s'endurcit beaucoup & en peu de tems. Ce lut eſt très-bon & ne ſe laiſſe pas aiſément pénétrer. On s'en ſert auſſi pour fermer les fentes ou fêlures qui ſe font aux vaiſſeaux de verre. Il n'eſt pourtant pas capable d'arrêter les vapeurs des eſprits acides minéraux, ſur-tout lorſqu'ils ſont forts & fumans, il faut pour cela y joindre de la terre graſſe bien détrempée & mêlée avec ces autres matières ; encore arrive-t-il ſouvent que ce lut quoique fortifié par la terre graſſe, ſe laiſſe pénétrer par ces vapeurs acides, ſur-tout celles de l'eſprit de ſel, qui de toutes ſont les plus difficiles à retenir.

On peut lui ſubſtituer dans ces cas un autre lut qui ſe nomme lut gras, à cauſe que les liqueurs avec leſquelles il eſt détrempé ſont effectivement des matières graſſes. Ce lut eſt compoſé d'une terre cretacée fort fine, la même que celle avec laquelle on fait les pipes à fumer, détrempée avec parties égales d'huile de lin cuite, & de vernis à l'embre jaune & à la gomme copale. Il faut qu'il ait la conſiſtnce d'une pâte tenace. On peut lorſqu'on a bouché avec un pareil lut les jointures des vaiſſeaux, les couvrir pour l'aſſurer davantage, avec des bandes de linge enduites du lut à la chaux & au blanc d'œuf.

L'impreſſion ſubite de la chaleur ou du froid n'eſt pas la ſeule cauſe qui occaſionne la rupture des vaiſ-ſeaux dans les opérations. Il arrive ſouvent que les vapeurs même des matières qui éprouvent l'action du feu, ſortent avec tant d'impétuoſité, & ſont ſi élaſtiques, que ne pouvant ſe faire jour à travers le lut dont on a fermé les jointures des vaiſſeaux, elles briſent ces mêmes vaiſſeaux, quel-quefois avec exploſion & danger de l'Artiſte.

Pour prévenir cet inconvénient, il faut que tous les récipiens dont on ſe ſert ſoient percés d'un petit trou, qui n'étant bouché qu'avec un peu de lut, peut être ouvert & refermé facilement quand cela eſt néceſſaire. Il ſert à donner de l'évent & à procu-rer une iſſue aux vapeurs, lorſqu'elles commencent à être trop abondantes dans le récipient. Il n'y a que l'uſage

qui puisse apprendre à l'Artiste quand
il est nécessaire de le déboucher.
Quand on le fait dans le tems convenable, les vapeurs sortent ordinairement avec rapidité, & en faisant
un sifflement considérable ; il est
tems de reboucher le trou quand le
sifflement commence à diminuer. Le
lut qui sert de bouchon à cette petite ouverture doit avoir toujours
un certain dégré de souplesse, afin
que s'accommodant exactement à sa
figure, il puisse la boucher exactement.
De plus si on le laissoit durcir sur le
verre, il s'y attacheroit si fortement,
qu'il seroit très-difficile de l'enlever
sans briser le vaisseau. On prévient
aisément cet inconvénient, en se ser-
vant pour cela de lut gras, qui conserve très-long-tems sa souplesse,
quand il n'est point exposé à une trop
g rande chaleur.

Cette manière de boucher le trou
du récipient a encore un avantage :
c'est que si ce trou a une certaine grandeur, comme une ligne & demi, ou
deux lignes de diamétre, lorsque les
vapeurs se trouvent en trop grande

quantité dans le récipient , & qu'elles
commencent à faire beaucoup d'effort fur les parrois , elles le pouffent ,
l'enlévent , & fe font jour elles-mêmes
par cette ouverture. Par ce moyen
on eft toujours fûr de prévenir la
rupture des vaiffeaux. Mais il faut
avoir grand foin de ne laiffer échapper ainfi les vapeurs , que quand cela
eft abfolument néceffaire ; car c'eft
ordinairement la partie la plus forte
& la plus fubtile des liqueurs qui
fe diffipe de cette forte en pure perte.

La chaleur étant la principale caufe qui met en jeu l'élafticité des vapeurs , & qui les empêche de fe condenfer en liqueur , il eft très-important de tenir dans toutes les diftillations le récipient le plus froid qu'il
eft poffible. Il faut pour cela inter-
pofer entre lui & le corps du fourneau une planche épaiffe , qui in-
tercepte la chaleur & l'empêche de
parvenir jufqu'à lui. Les vapeurs elles-
mêmes fortant fort échauffées du
vaiffeau diftillatoire , communiquent
bientôt leur chaleur au récipient ,
fur-tout à fa partie fupérieure , qui eft

l'endroit où elles vont d'abord frapper, c'est pourquoi il est bon d'avoir des linges trempés dans de l'eau bien froide, qu'on applique sur le récipient & qu'on a soin de renouveller souvent. On parvient par ce moyen à refroidir beaucoup les vapeurs, on diminue leur élasticité, & on facilite leur condensation.

Ce que nous avons dit dans cette première partie sur les propriétés des principaux agens chymiques, sur la construction des vaisseaux & fourneaux les plus nécessaires, & sur la manière de s'en servir, est suffisant pour nous mettre en état de traiter présentement des Opérations, sans être obligé de nous arrêter souvent & de nous interrompre pour donner là-dessus des explications qui auroient été indispensables. Nous ne laisserons cependant pas, quand l'occasion s'en présentera d'étendre encore cette théorie, & d'y ajouter plusieurs choses qui trouveront leur place dans le Traité des Opérations.

F I N.

TABLE

DES MATIERES.

ACIDES,   *pag.* 26
Acide universel ou vitriolique,   36
Acide nitreux,   46
Acide du Sel marin,   52
Acide végétal,   210
Acide animal,   246
Acier,   109
Administration du Feu,   293
Æther,   204
Æthiops minéral,   241
Affinités de l'Acide en général,   260
      de l'Acide du Sel marin, 264
      de l'Acide nitreux,   265
      de l'Acide vitriolique,   266
      des Terres absorbantes,   267
      des Alkalis fixes,   ibid.
      des Alkalis volatils,   268
      des Substances métalliques, ib.
      du Soufre,   269
      du Mercure,   ibid.
      du Plomb,   271

F f

Affinités du Cuivre, ibid.
   de l'Argent, ibid.
   du Fer, ibid.
   du Régul d'Antimoine, ibid.
   de l'Eau, ibid.
   de l'Esprit de Vin, 272
Air, 4
Airain, 120
Alkalis, 29
Alkali fixe, 243
Alkali volatil, 226 & 247
Alun, 39
Alembic, 279
Alembic de verre, 281
Alembic tubulé, 283
Aludels, 285
Amalgames, 136
Antimoine, 150
Antimoine diaphorétique, 149 & 153
Animaux, 245
Aquila alba, 140
Arsenic, 165
Arcanum duplicatum, 41
Argent, 87

B

BAINS *marie & de vapeurs,* 294

DES MATIÈRES.

Bain de sable,	ibid.
Ballons,	290
Ballons à deux becs,	291
Base du sel marin,	55
Beaumes,	183
Beurre d'Antimoine,	149
Bézoard minéral,	147
Bile,	246
Bitumes,	182 & 255
Bismuth,	157
Blanc de plomb,	215
Borax,	59
Bronze,	120

C

CADMIE des fourneaux,	163
Calamine,	ibid.
Carats,	127
Cémentation,	108
Céruse,	215
Chaux,	62
Chaux vive,	62
Chaux éteinte,	64
Chaux éteinte à l'air,	65
Chaux d'étain,	118
Chaux d'Antimoine,	143
Charbon,	18 & 177

Chapiteau, 280
Chapiteau aveugle, 285
Chyle, 248
Cinnabre, 141
Cinnabre d'Antimoine, 157
Cornues, 286
Cornues Angloises, 288
Cornues tubulées, 289
Coupelle, 127
Cryſtaliſation, 34
Crême de Chaux, 64
Cryſtaux de lune, 88
Crême & cryſtaux de tartre, 216
Creuſets, 292
Cuivre, 98
Cuivre jaune, 162
Cucurbite, 279

D

Depart, 93
Deniers, 128
Deliquium ou défaillance, 27
Diaphorétique minéral, 149
Diſtillation, 236
Diſtillation per deſcenſum, 278
Diſtillation per aſcenſum, 279
Diſtillation per latus, 287

DES MATIERES.

E

Eau,	7
Eau forte,	51
Eau forte précipitée,	96
Eau-de-Vie,	195
Eau régale,	84
Email,	119
Esprit de nitre,	51
Esprit de nitre Bézoardique,	147
Esprit de nitre dulcifié,	219
Esprit de sel,	54
Esprit de sel dulcifié,	210
Esprit de vitriol,	39
Esprits ardens,	196
Esprit de vin,	ibid.
Esprit de vin alkoolisé,	200
Esprit volatil urineux,	225
Esprit recteur des plantes,	244
Esprit sulphureux volatil,	45
Etain,	118
Expression,	236
Extraits,	241

F

Fer,	107

Fonte,							ibid.
Fer forgé,						108
Fer blanc,						120
Feu,							12
Fleurs d'Antimoine,					143
Fleurs de Zinc,					161
Fleurs de Soufre,					42
Fluidité aqueuse & fusion des sels,			36
Flux réductifs,					104
Foie d'Antimoine,					152
Foie d'Arsenic,					172
Foie de Soufre,					45
Fondans des mines,					255
Forge,							315
Fourneau de réverbere,				304
Fourneau de fusion,					311
Fourneau de coupelle,				316
Fourneau de Lampe,					326
Fonte,							107
Fusion des Mines,					253

G.

GOMMES,						185
Graisse animale,					246

H.

Huiles minérales, 182
Huiles végétales, 183
Huiles grasses, ibid.
Huiles essentielles, 184
Huiles empyreumatiques, 187
Huiles animales, 189-246.
Huiles grasses par expression, 237
Huiles essentielles par expression, 238
Huiles essentielles par distillation, 242
Huile fœtide animale, 247
Huile de Vitriol, 36
Huile de Tartre par défaillance, 218

K.

Kermes minéral, 156

L.

Lait de Soufre, 45
Lait de Chaux, 64
Lait des Animaux, 248
Laine philosophique, 161
Lotion des Mines, 251
Léton, 162

Liqueur fumante de Libavius,   139
Litarge,   123
Lune cornée,   92

M.

MAGISTER *de Soufre,*   46
Magister de Bismuth,   159
Marcassites,   251
Matras,   282
Matiere perlée,   149
Mercure,   132
Mercure précipité per se,   134
Mercure doux,   140
Mercure revivifié du Cinnabre,   142
Mercure de vie,   148
Mines,   251
Minium,   123
Minéraux,   249
Mortier de chaux,   65
Mouffle,   322

N.

NITRE,   48
Nitre quadrangulaire,   57
Nitre fixé,   49

DES MATIERES.

O.

O CRE, 114
Or, 82
Or diffous dans l'eau régale, 84
Or fulminant, 85
Orpiment ou Orpin, 173

P.

P ANACÉE mercurielle, 140
Pélicans, 284
Pierre calaminaire, 163
Pierre à cauter, 78
Pierre infernale, 88
Phlogiftique, 14
Phofphore, 54
Plomb, 122
Plomb corné, 130
Pompholix, 161
Précipité rouge, 138
Précipité verd, ibid.
Précipité jaune, 139
Précipitation, 46
Principes, 1
Principes primitifs & fécondaires, 4-19

TABLE

R.

REGUL, 253
Régul d'Antimoine, 145
Régul d'Antimoine fait par les métaux, 151
Régul d'Arsenic, 163
Réduction ou Révivification des Substances métalliques, 76
Rectification des Huiles, 186
Résines, 185
Réfrigérent, 281

S.

SAFFRAN de Mars, 111
Saffran de Mars préparé à la rosée, 117
Saffran des Métaux, 152
Savon, 181
Sang, 249
Salive, ibid.
Saturation, 32
Scories, 253
Sels neutres, 31
Sélénite, 40
Sel de duobus, 41

Sels nitreux qui ont une terre pour
   base,   47
Sel de Glauber,   56
Sel marin,   57
Sel fébrifuge de Sylvius,   58
Sel fédatif de M. Homberg,   59
Sel de la Chaux,   66
Sels neutres qui ont la chaux pour
   base,   72
Sel neutre arsénical,   167
Sels neutres combinés de l'Acide du
   vinaigre & d'une terre absorban-
   te,   214
Sel ou Sucre de Saturne,   ibid.
Sel de Tartre,   218
Sel Végétal,   219
Sel de Saignette,   ibid.
Sel Volatil urineux,   225
Sels Ammoniacaux,   227
Sel Ammoniac,   ibid.
Sel Ammoniacal nitreux,   228
Sel Ammoniacal vitriolique,   ibid.
Sel Ammoniacal secret de Glauber, ibid.
Sels essentiels,   239
Sels préparés à la maniere de Tha-
   kénius,   244
Similor,   162
Soufre,   42

TABLE

Soufre doré d'Antimoine,   155
Sublimé corrosif,   139
Sucs des Plantes tirés par expres-
    sion,   239
Sucs tirés des matières animales,   245
Sueur des Animaux,   249
Suc pancréatique,   ibid.

T.

Tartre,   216
Tartre soluble,   119
Tartre tartarizé,   ibid.
Tartre Martial soluble,   220
Tartre vitriolé,   41
Terre,   9
Terre foliée du Tartre,   214
Terre fusible & vitrifiable,   11
Terre non-fusible ou invitrifiable,   ibid.
Terre absorbante,   12
Teste morte ou Terre damnée,   243
Tests à rôtir,   292
Tombac,   162
Turbith minéral,   137

V.

Verre,   11

Verre

Verre de Plomb,   123
Verre d'Antimoine,   144
Vernis à l'esprit de vin,   201
Vernis gras,   ibid.
Verd de gris,   215
Vitriol bleu,   102
Vitriol verd,   113
Vitriol de Zinc,   164
Vin,   195
Vif-Argent,   132
Vinaigre,   112
Urine,   249

Z.

Zinc,   160

Fin de la Table des Matières.

Gg

APPROBATION

De Messieurs les Docteurs-Régens de la Faculté de Médecine de Paris.

Nous soussignés, Docteurs-Régens de la Faculté de Médecine de Paris, Commissaires nommés par ladite Faculté pour examiner un Livre de M. MACQUER notre Confrère, intitulé *Elémens de Chymie Théorique*, sommes persuadés que l'ordre, la clarté & la méthode qui régnent dans cet Ouvrage en rendront la lecture très-profitable aux commençans, & très-agréable à ceux mêmes qui ont déja fait des progrès dans cette Science.

A Paris, le 2. Décembre 1748.

MALOUIN. DE JEAN. T. BARON.

CONSENTEMENT

De M. Martinenq, Doyen de la Fa-
culté de Médecine.

V U le rapport de Meſſieurs Malouin, de Jean & Baron d'Hénouville
Docteurs-Régens de la Faculté de Médecine de Paris, & nommés par elle
pour examiner un manuſcrit intitulé
Elémens de Chymie Théorique, compoſé par M. MACQUER, Docteur-
Régent en ladite Faculté : Je conſens
qu'il ſoit imprimé.

A Paris, le 2. Décembre 1748.

MARTINENQ, Doyen.

Gg ij

EXTRAIT des Regiſtres de l'Académie Royale des Sciences.

MEſſieurs HELLOT & MA-LOÜIN qui avoient été nommés pour examiner un Ouvrage de M. MACQUER, intitulé *Elémens de Chymie Théorique*, en ayant fait leur rapport, l'Académie a jugé cet Ouvrage digne de l'impreſſion. En foi de quoi j'ai ſigné ce préſent certificat. A Paris, ce 25 Mai 1748.

GRAND-JEAN DE FOUCHY, *Secretaire perpetuel de l'Acad. Roy. des Scienc.*

PRIVILEGE DU ROI.

blement fait expofer, que depuis qu'il Nous
a plu lui donner par un Réglement nouveau
de nouvelles marques de notre affection,
Elle s'eft appliquée avec plus de foin à cul-
tiver les Sciences, qui font l'objet de fes
exercices ; enforte qu'outre les Ouvrages
qu'elle a déja donnés au Public, Elle feroit
en état d'en produire encore d'autres, s'il
Nous plaifoit lui accorder de nouvelles
Lettres de Privilége, attendu que celles que
Nous lui avons accordées en date du fix
Avril 1693. n'ayant point eu de tems limi-
té, ont été déclarées nulles par un Arrêt de
notre Confeil d'Etat du 13. Août 1704.
celles de 1713. & celles de 1717 étant auffi
expirées ; & defirant donner à notredite
Académie en corps & en particulier, & à
chacun de ceux qui la compofent, toutes
les facilités & les moyens qui peuvent con-
tribuer à rendre leurs travaux utiles au Public, Nous avons permis & permettons par
ces Préfentes à notredite Académie, de faire
vendre ou débiter dans tous les lieux de notre obéiffance, par tel Imprimeur ou Libraire qu'elle voudra choifir, un Livre intitulé *Elémens de Chymie Théorique*, &c. & ce
pendant le tems & efpace de quinze années
confécutives, à compter du jour de la date
defdites Préfentes. Faifons défenfes à toutes
fortes de perfonnes de quelque qualité &
condition qu'elles foient, d'en introduire
d'impreffion étrangère dans aucun lieu de
notre obéiffance ; comme auffi à tous Im-

primeurs Libraires, & autres, d'imprimer,
faire imprimer, vendre, faire vendre, débiter ni contrefaire ledit Ouvrage ci-deſſus
ſpécifié, en tout ni en partie, ni d'en faire
aucuns extraits, ſous quelque prétexte que
ce ſoit, d'augmentation, correction, changement de titre, feuilles même ſéparées,
ou autrement, ſans la permiſſion expreſſe &
par écrit de notredite Académie, ou de ceux
qui auront droit d'Elle, & ſes ayans cauſe,
à peine de confiſcation des Exemplaires con-
trefaits, de dix mille livres d'amende contre chacun des contrevenans, dont un tiers
à Nous, un tiers à l'Hôtel Dieu de Paris,
l'autre tiers au Dénonciateur, & de tous
dépens, dommages & intérêts : à la charge
que ces Préſentes ſeront enregiſtrées tout
au long ſur le Régiſtre de la Communauté
des Imprimeurs & Libraires de Paris, dans
3 mois de la date d'icelles; que l'impreſſion
dudit Ouvrage ſera faite dans notre Royau-
me & non ailleurs, & que notredite Académie ſe conformera en tout aux Réglemens
de la Librairie, & notamment à celui du
10 Avril 1725. & qu'avant que de les expoſer en vente, le Manuſcrit ou Imprimé qui
aura ſervi de copie à l'impreſſion dudit Ouvrage, ſera remis dans le même état, avec
les Approbations & Certificats qui en auront
été donnés, ès mains de notre très-cher &
féal Chevalier Garde des Sceaux de France,
le Sieur Chauvelin : & qu'il en ſera enſuite
remis deux Exemplaires de chacun dans

notre Bibliothéque publique, un dans celle
de notre Château du Louvre, & un dans
celle de notre très-cher & féal Chevalier
Garde des Sceaux de France, le sieur Chauvelin, le tout à peine de nullité des Présen-
tes : du contenu desquelles vous mandons
& enjoignons de faire jouir notredite Académie, ou ceux qui auront droit d'Elle &
ses ayans causes, pleinement & paisiblement,
sans souffrir qu'il leur soit fait aucun trouble ou empêchement : Voulons que la Copie desdites Presentes qui sera imprimée
tout au long au commencement ou à la fin
dudit Ouvrage, soit tenue pour dûment
signifiée, & qu'à la copie collationnée par
l'un de nos amés & féaux Conseillers & Se-
crétaires, foi soit ajoutée comme à l'Origi-
nal : Commandons au premier notre Huis-
sier, ou Sergent de faire pour l'exécution
d'icelles tous actes requis & nécessaires,
sans demander autre permission, & nonobstant clameur de Haro, Charte Normande,
& Lettres à ce contraires : Car tel est notre
plaisir. Donné à Fontainebleau le douziéme
jour du mois de Novembre, l'an de grace
mil sept cent trente-quatre, & de notre
Regne le vingtiéme. Par le Roi en son Con-
seil. *Signé*. S A I N S O N.

*Regiftré fur le regiftre VIII. de la Chambre
Royale & Syndicale des Imprimeurs & Libraires de Paris, num. 792. fol. 775. conformément au Réglement de 1723. qui fait defenses,*

Art. IV. à toutes perſonnes de quelque qualité & condition qu'elles ſoient, autres que les Imprimeurs & Libraires de vendre debiter & faire afficher aucuns Livres pour les vendre en leur nom, ſoit qu'ils s'en diſent les Auteurs ou autrement; à la charge de fournir les Exemplaires preſcrits par l'Art. CVIII. du même Réglement. A Paris le 2. Novembre 1734.

G. MARTIN, Syndic.

CESSION.

JE ſouſſigné, reconnois avoir cédé à M. JEAN-THOMAS HERISSANT, Libraire à Paris, rue S. Jacques, mon droit au préſent Privilége, pour un Ouvrage de ma compoſition, intitulé : *Elémens de Chymie Théorique*, &c. pour en jouir en mon lieu & place, ſuivant les conventions faites entre nous. A Paris, le 15 Mai 1748.

MACQUER, Docteur-Regent de la Faculté de Médecine, & Membre de l'Académie Royale des Sciences.

EXPLICATION
DES PLANCHES.

PLANCHE PREMIERE.

FIGURE I. *Alembic de métal.*

A. La cucurbite,
B. Le col de l'Alembic.
C. Le chapiteau.
D. Bec du chapiteau.
E. Le réfrigérent.
F. Le robinet du réfrigérent.
G. Le récipient.

Figure II. Alembic de verre.

A. La cucurbite.
B. Le chapiteau.
C. La rigole du chapiteau.
D. Le bec du chapiteau.

Figure III. Alembic de verre à long col.

A. Le corps du matras.
B. Le col.
C. Le chapiteau.

Figure IV. Retorte ou Cornue.

A. Corps de la Cornue.
B. Son col.

PLANCHE SECONDE.

Figure I. Alembic de verre d'une seule piéce.

A. La cucurbite.
B. Le chapiteau.
C. L'ouverture supérieure du chapiteau.
D. Le bouchon de l'ouverture.
E. Orifice de la Cucurbitœ.

Figure II. Pélican.

A. La cucurbite.
B. Le chapiteau
C. L'ouverture supérieure avec son bouchon.
DD. Les deux becs recourbés du Pélican.

Figure III. Aludels.

Figure IV. Cornue Angloise.

Figure V. Fourneau de réverbere.

A. Ouverture ou porte du cendrier.
B. Ouverture du foyer.
CCCC. Regîtres.
D. Le dôme ou le réverbere du fourneau.
E. Le canal conique.
F. La cornue placée dans le fourneau.
G. Le récipient.
HH. Barres de fer qui soutiennent la cornue.

Figure VI. le canal conique séparé du fourneau.
Figure VII. Mouffle vue par sa partie postérieure.

A. Base de la mouffle.
B. Sa voûte.
CCCC. Ouvertures latérales.

PLANCHE TROISIE'ME.

Figure I. Fourneau de fufion.

A. La bafe du fourneau.
B. Le cendrier.
C D. La grille du foyer.
E. Le foyer.
F. G. H. Courbure des parrois de la partie fupérieure du foyer.
I. La cheminée ou le canal.

Figure II. Fourneau de coupelle.

A. L'ouverture du cendrier.
B B. Les portes de cette ouverture.
C. Ouverture du foyer.
D D. Portes pour fermer cette ouverture.
E. F. Petites ouvertures de ces portes.
G G. Trous deftinés à placer les barres qui foutiennent la mouffle.
H H H. Bandes de fer à la partie antérieure du fourneau deftinées à former les rainures dans lefquelles gliffent les portes du cendrier & du foyer.
I. Partie fupérieure pyramidale du four-neau.
K. Trou dans cette partie pour arranger les charbons.
L. Ouverture de la partie fupérieure.
M. Couvercle pyramidal.
N. Cheminée du fourneau , ou bout de

tuyau sur lequel on peut ajuster le canal conique.

O O O O. Anses ou mains des portes.

P P. Anses du couvercle.

*Nota. Les deux fourneaux représentés dans
cette Planche n'ont pas les grandeurs qu'ils doivent avoir l'un par rapport à l'autre ; le fourneau de coupelle est à proportion du fourneau de
fusion beaucoup plus grand qu'il ne devroit être,
on lui a donné cette grandeur pour faire voir
plus commodément toutes ses parties, dont plusieurs auroient été trop peu sensibles si on l'eût
représenté plus petit.*

ERRATA.

PAge 5 ligne 28 mixtes, *lis.* substances.

P. 120 l. 25 Zine, *lis.* Zinc.

P. 135 l. 2 tout comme, *lis.* comme.

P. 145 l. 27 au repos, *lis.* en repos.

P. 204 l. 17 de vin, *lis.* esprit de vin.

P. 224 l. 16 putrifié, *lis.* putréfié.

P. 225 l. 18 putrifiées, *lis.* putréfiées.

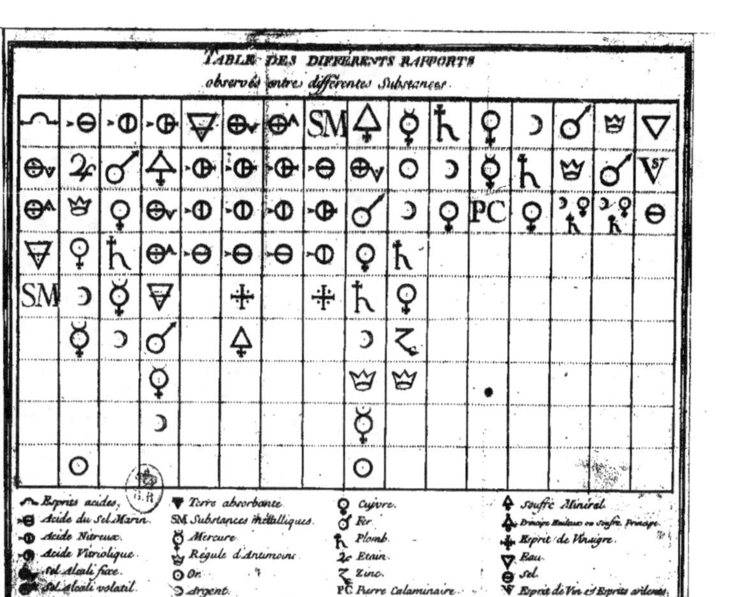

TABLE DES DIFFÉRENTS RAPPORTS
observés entre différentes Substances.

Esprits acides.
Acide du Sel Marin.
Acide Nitreux.
Acide Vitriolique.
Sel Alcali fixe.
Sel Alcali volatil.
Terre absorbante.
SM. Substances métalliques.
Mercure.
Régule d'Antimoine.
Or.
Argent.
Cuivre.
Fer.
Plomb.
Etain.
Zinc.
PC Pierre Calaminaire.
Souffre Minéral.
Principe Huileux ou Souffre Principe.
Esprit de Vinaigre.
Eau.
Sel.
Esprit de Vin et Esprits ardents.

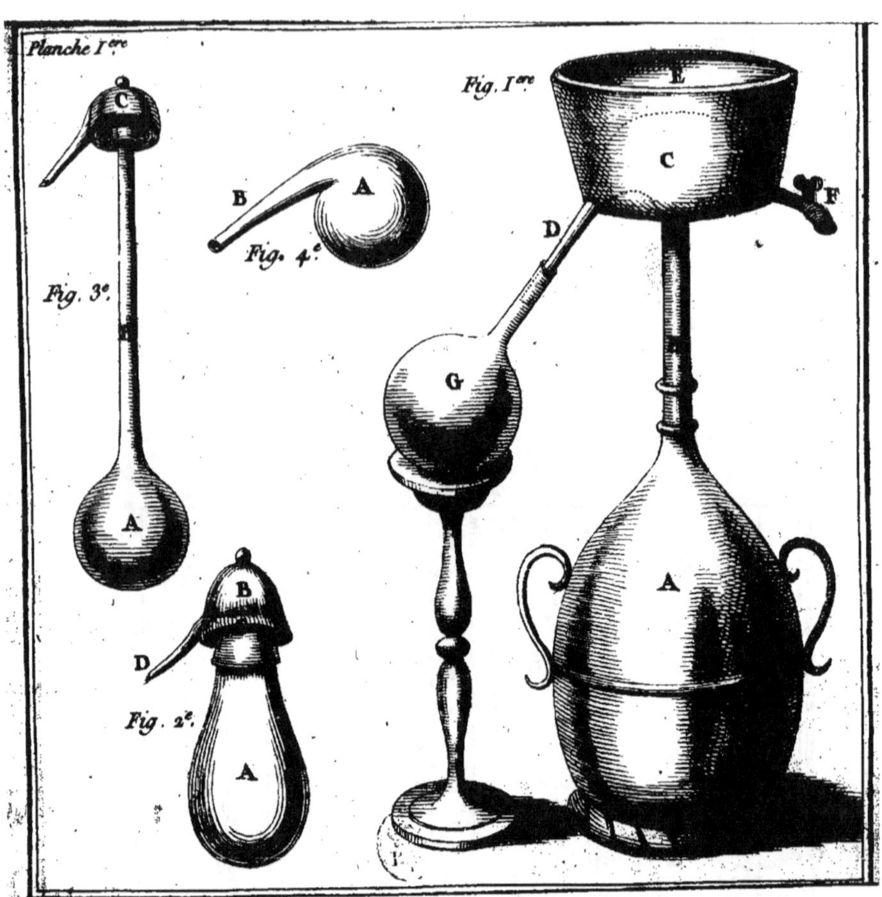
Planche Iere
Fig. Iere
Fig. 3e
Fig. 4e
Fig. 2e
A
B
C
D
E
F
G

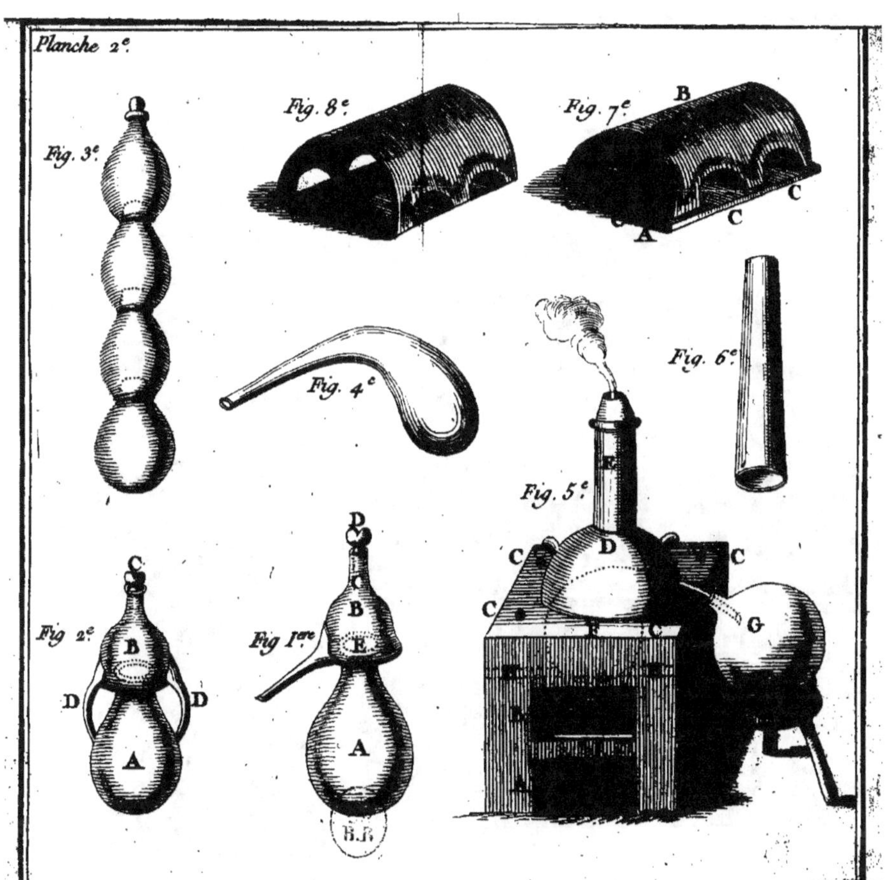

Planche 2.e
Fig. 3.e
Fig. 8.e
Fig. 7.e
B
C
A
C
Fig. 4.e
Fig. 6.e
Fig. 5.e
C
C
D
C
C
G
Fig. 2.e
C
B
D
D
A
Fig 1.ere
D
C
B
E
A

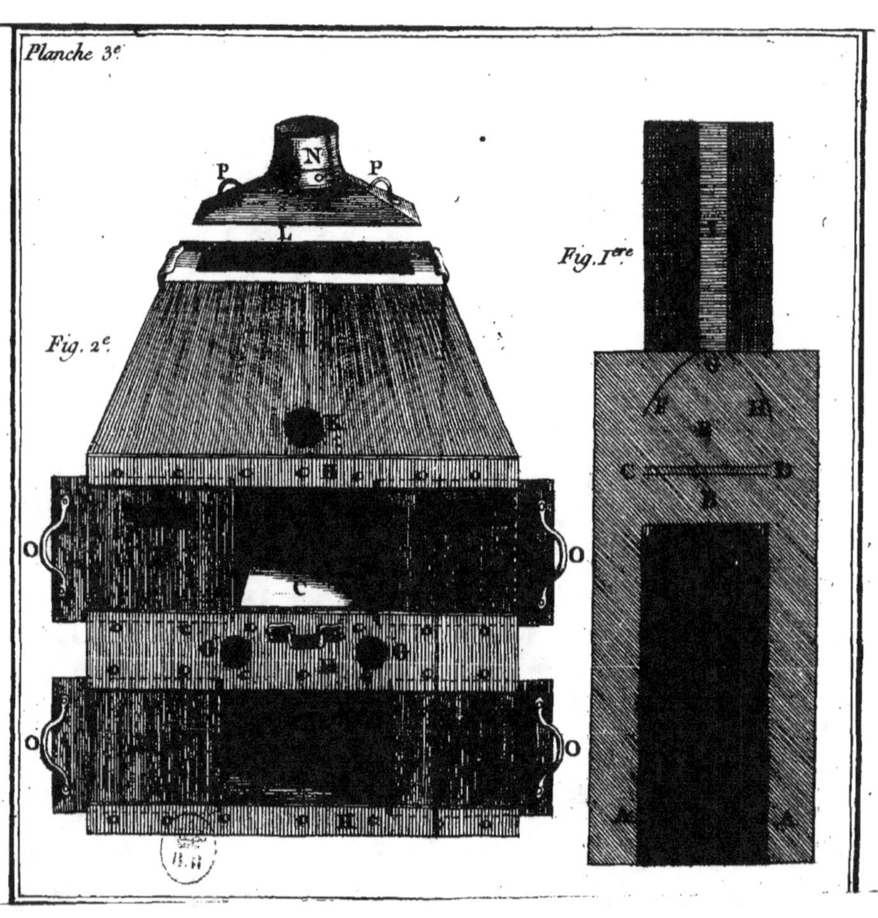

Planche 3.e
Fig. 1.ere
Fig. 2.e
N
P
P
L
K
C
O
O
O
O
H
F
H
C
D
B
A
A